城市儿童安全公共空间结构与设计

朱亚斓　著

东南大学出版社
·南京·

图书在版编目（CIP）数据

城市儿童安全公共空间结构与设计 / 朱亚澜著. —
南京：东南大学出版社，2017.7
ISBN 978-7-5641-4882-9

Ⅰ.①城…　Ⅱ.①朱…　Ⅲ.①城市空间—公共空间—
空间结构—安全设计　Ⅳ.①TU984.11

中国版本图书馆 CIP 数据核字（2017）第 096701 号

书　　名：城市儿童安全公共空间结构与设计
作　　者：朱亚澜
责任编辑：朱震霞
出版发行：东南大学出版社
社　　址：南京市四牌楼 2 号　邮编：210096
出 版 人：江建中
网　　址：http://www.seupress.com
印　　刷：虎彩印艺股份有限公司
开　　本：700 mm×1000 mm　1/16
印　　张：10.75　　字数：250 千字
版　　次：2017 年 7 月第 1 版
印　　次：2017 年 7 月第 1 次印刷
书　　号：ISBN 978-7-5641-4882-9
定　　价：42.00 元
经　　销：全国各地新华书店
发行热线：025-83791830

本社图书若有印装质量问题，请直接与营销部联系。电话（传真）：025-83791830

序

　　初夏的一天接到朱亚斓的电话,邀请我给她的《城市儿童安全公共空间结构与设计》一书写序。猛然间还觉得有些惊讶,因为没想到她刚入职大学教师岗位没几年,就有专著即将出版;等拿到书稿仔细阅读后,更是感触良多,甚是欣慰。

　　中国的改革开放已近 40 年,城市面貌发生了翻天覆地的变化,城市化进程的速度与规模更是史无前例,各种规划思潮也是层出不穷。各地政府对城市基础设施,对包括公园、广场等公共空间的建设投入了巨资,也付出了极大的努力;无论是政府、社会,还是家庭,对儿童相关设施的建设也是不遗余力。然而,有关儿童安全的城市公共空间,无论是理论研究还是具体实践,都有意无意地被忽略了。我们的孩子要么被关在屋子里"圈养",要么由家长全程保护其安全,看上去似乎并不存在安全问题。事实上,儿童的天性是要接触自然、感知自然、探索自然,儿童需要在安全的公共空间环境里游憩、学习,这是塑造儿童健康心理、勇敢探索精神的重要"课堂"。但什么样的空间是安全的? 不同空间都有哪些不安全因素? ……对于这些问题的答案我们几乎没有第一手资料。我们的规划设计师们在规划设计时,要么根本不考虑儿童安全问题,要么仅仅看看一些大而空泛的导则;作为甲方的政府或投资人,更注重的是公共空间美不美、投资效益如何,或有无"生态理念"等,因此,有关儿童安全公共空间的研究成了"冷门"。而朱亚斓的专著将填补学界这一研究领域的空白,必将引起更多人对儿童安全公共空间的关注。

　　朱亚斓本科时就是我的学生,我也是她的研究生导师。她思维敏捷,善于思考,对研究有着执着的精神。有关城市公共空间儿童安全的研究开始于她的研究生论文。从 2004 年开始,包括朱亚斓在内,我指导了三名研究生进行该方面的研究。当时,这一研究在调查方面遇到了很大阻力。因涉及儿童隐私,中小学校及公安部门并不愿意配合我们的调查,因而只能动员大量的本科生,在学校放学时"堵"在校门口进行调查,因此而被学校保安"驱赶"是常有的事,调研过程十分辛苦甚至狼狈。也正是由于这样的阻力,这一研究在朱亚澜毕业后就中断了。难得的是,朱亚澜在毕业后并未因困难而放弃研究,而是进一步优化了研究方案,扩充了研究主题,深化了研究内容,并在不到十年时间内,将研究成果集结成书,这既让我感动,同时也深感欣慰。

也许这一研究尚需完善与深化,但万事开头难,希望朱亚澜以此书的出版为新的起点,继续开拓进取,为完善我国城市儿童安全公共空间理论研究做出新的探索。

丁绍刚

2017 仲夏

于钟山之麓

前　言

现代主义将城市看成可用部件组合起来的理性机器,追求效率至上和功能分区,以及规定繁复的规划和新政管制,这种理念深刻影响了我国城市的建设和发展,使我国城市中心区土地的生产力获得极大释放,旧城区空间的品质迅速提升,城市空间的骨架因此重塑,人们的生活环境和经济水平得到前所未有的提升。

然而,在经济腾飞的当下,我们看到,现代主义指导下的城市建设降低了城市公共空间的活力多样性,损害了人与人可自由交流的人性尺度下的社区结构。

联合国人居署《2016年世界城市状况报告》以"扩大的城市分析"为题,聚焦空间排斥的主题,列出种种面相,如经济空间的排斥、集体的社会文化空间的排斥以及政治空间的排斥等;归根结底是精英主导和交换价值导向的空间生产对弱势群体及更多平民人群的排斥。

儿童是城市中数量庞大的弱势群体和平民人群。对于城市建设,他们没有话语权,多数只能成为城市建成空间的旁观者。

我们高呼"儿童就是全世界",却草率地对待了儿童对城市社会生活空间多样性的需求,许多人误认为城市中的公园、社区中的组合玩具或引入的大型主题乐园便是对儿童的关注;我们常把"以人为本"挂在嘴边,却未能踏实地真正从服务于我们孩子所需的空间建设做起,错误地以为课堂的教育可以塑造更优秀的下一代;我们讲究可持续,却忽略了城市公共空间中儿童的活力延续正是城市中人与人关系可持续的根本。

一个有活力的城市对待儿童应该是细腻的,有温度的,体现在其公共空间对儿童的开放度、安全性、可达性和趣味性设计。儿童在城市公共空间中应该是能自由地、随时地、安全地进入,然后游戏、接触自然、交流和创造。

　　本书通过城市调查发现,安全成为了城市公共空间中儿童活动最大的担忧,趣味性公共空间设计的缺乏是造成儿童多样性活动缺乏的主因。因此,本书以城市儿童公共空间活动和安全研究为序幕,展开城市儿童安全公共空间结构体系的理论。在此基础上,以满足儿童活动心理行为的公共空间设计为契合点,论述城市儿童公共空间的设计类型和安全设计,首次提出了适合我国城市空间形式的非正式儿童活动空间的八种类型:具有创意的商业露天游乐空间、连接不同居住社区的游乐空间、校园内的玩乐天地、儿童通勤路上的系列趣味空间、精心设计的居住区内儿童游乐场、无车化的步行空间、充满自然要素的空旷地和被允许的公共建筑门口玩耍空间。最后,以城市儿童公共空间安全及设计维护体系为畅想,提出了社会各阶层参与适宜儿童活动的城市高品质儿童公共空间建设的愿景。由于本人水平有限,论述不深、不足、不当之处还请各位读者批评指正。

　　我国的城市建设正在经历新一轮的持续更新中,但愿,我们的城市中有越来越多尊重孩子游戏的"乐土",这些空间对儿童来说是安全的、可步行的、绿色而包容的。但愿,我们的孩子能在城市中自由地奔跑。本书若能为此发挥一丝作用,足矣。

朱亚斓

2017 年 4 月

目　录

1 概　　论

1.1　研究背景

1.1.1　爱的"失乐园"
　　　　（儿童需要值得信赖并可以随时玩耍的乐园）

我们常说：孩子是祖国的花朵，是民族的希望，是国家的未来。因此，我们愿意倾其所有，给予孩子最大的满足；但现在我们的孩子从群体来看，并没有从前那么快乐。由于对安全问题的担忧，由于室外缺乏更吸引孩子、更方便到达的游乐场，孩子们的活动场所大多集中于室内。虽然他们生活在经济发达的城市里，除了进入一周五天的学校学习，大多从四岁起就利用各种业余时间频繁奔波于各种舞蹈班、音乐班、英语班等，忙碌于各种知识和技能的学习，各种电子产品成为他们最容易获取乐趣的玩具。不像上世纪七八十年代出生的孩子们，童年充满了各种户外玩耍的乐趣因而留下无数美好记忆。

我国一直倡导城市建设遵循"以人为本"的原则，然而我们似乎忽略了城市中的儿童这一特殊阶层的权益与需求，忽略了儿童的天性是更好地玩耍，因而我们的城市没有那么多安全又具有吸引力的游戏空间供儿童去玩去疯去自我发现。

美国前总统罗斯福最早提起游乐场的重要性："玩是基本的需要，为每个孩子提供游乐场就如提供学校般重要。那就是说，它们应该遍布各个城市，让男孩女孩都徒步可至——因为大部分孩子都无法支付车资，因为夏天时街上太热，因为在闹市当中街道是罪恶的温床。"早期的休闲设施理论家 Lee Hamner 指出一个更宏观的理由："今天的游乐场就是明天的共和国。如果你想二十年后的国家有强壮而有用的男女国民,一个正义且公平的国家,今天就要从只供男女童玩耍的游乐场开始。"哲学家 Eric Hoffer 认为,如果从成人的回报效益的角度来看,游乐场的重要性不仅于此。他说:"成人内心里的那个小孩儿是独特个性和创意的起源,而游乐场就是发展其天赋和能力的最佳环境",由此可见,儿童在未踏足社会之前,游乐场是造就一个人的重要场所。

如果一个城市对孩子没有吸引力,它对成人的吸引力及其自身竞争力就会下降,甚至会失去企业税收、减少其就业。孩子们就算拥有着满满的来自父母的爱,对他们而言,城市也是没有快乐的生活躯壳。

1.1.2 城市化与儿童公共空间活动

城市公共空间是孩子们户外活动的主要场所。

犹记 20 世纪 70、80 年代,我们的城市还是布满了传统的生活街巷,学习之余,孩子们聚集在巷子或者院子里,四周是认识的街坊邻居,无需大人陪同,孩子们便自发进行了交往和活动,对自然的探索也是在近距离即可达成。孩子们发明了打弹珠、老鹰抓小鸡、跳皮筋等游戏;不同年龄的孩子会围趴在蚂蚁洞旁观察、会从草丛里翻出蚯蚓、会知道蒲公英开花和结果的季节、会走街串巷认识不同伙伴。那时的城市公共空间那么安全,那么有趣,那么容易达到。

至 90 年代,我国开始进入高速城市化时期,城市建设被西方现代功能主义的城市理论极大促进,传统的城市布局开始扩张,逐渐进入以城市功能和服务交通为主导的城市形态中。

步入 2000 年后,越来越多的调查数据显示,现在孩子们的户外活动时间非常有限,在户外玩耍的孩子的数量越来越少,孩子们在户外停留的时间也越来越短(顾炎,2000;萧黎,2003;刘爱玲,2006)。中国青少年研究中心于 2005 年对北京、上海、广州、兰州、成都、长春等 6 个城市中2 617 名 6～13 岁的少年儿童,以及他们的 2 573 位父母或其他长辈进行了调查,发现 52.9% 的中小学生把家作为最经常的游戏场所,不愿参加社区的活动;孩子们的户外活动空间质量也相应下降,户外游戏活动的魅力已经抵不过网络、电视、电脑对他们的诱惑(关莹,2005)。

户外活动对儿童的健康成长有着极大的贡献,户外的阳光能让孩子们骨骼更强壮,体重更标准;户外的活动能让儿童的眼睛得到更好休息;户外的运动能促进儿童大脑的发育,培养儿童的运动协调性、平衡性以及应激能力,增强儿童的嗅觉、触觉、味觉、听觉能力,以及对于冷热、软硬、干湿的感受灵敏度;户外的活动,有利于儿童自尊心和责任感的增强、想象力和创造力的发展、叛逆性的弱化以及对环境认知的加强(黄忠秀,2007);户外的交往和合作,使孩子的交往、协作和竞争能力得到启蒙,使孩子在群体活动中得到认同感和归属感(井卫英,2002;刘冰颖,2005;张晔,2007),促进孩子在公共空间的群体或者个人活动中逐渐去发现自我、认识自我,从而获得更加健全的身体和心理状态。

户外活动如此重要,为什么我们的孩子,尤其是生活在城市里的孩子在户外的活动却越来越少了? 究其原因,主要有三种:一是现阶段的教育体制加重了孩子们的课业负担,学习的时间占据了孩子们大量的户外游戏时间;二是室内游戏方式的多样化;三是目前的户外活动空间本身存在着严重的弊端,如户外活动空间体系的不合理构建、空间数量的匮乏(周润健,2007)、空间品质的低下、严重安全隐患的存在等。

联合国《儿童权利公约》指出,儿童是指"18 岁以下的任何人,除非对其适用之法律规定成年,年龄低于 18 岁"。儿童作为独立的个体、家庭和社会的一分子,应享有一个人的全部权利。据此标准,我国现有约 3.6 亿儿童,占世界儿童总数的 1/6,其中约 1.5 亿生活在城市中,他们也是世界上最大的城市儿童群体。这是个庞大的数字,寄托了我们民族的未来,他们在城市公共空间中的活动状态应该得到真正重视,儿童游戏空间已经不能再被我们看得微不足道。

1.1.3　城市与儿童安全

物质经济的飞速发展,城市化的浪潮席卷,人本关怀的日益凸现,使得城市公共空间开始成为城市的新宠。衡量其优劣取决于其中使用人群是否满意,是否能为城市带来活力。大量调查研究表明,作为城市公共空间的使用主体之一——儿童的数量有减无增,这和城市公共空间的数量增长成负相关发展。其根本原因之一是因为活动在其中的儿童安全得不到保障。因为不安全,家长们会限制孩子们的独立活动;因为不安全,孩子们一旦外出就得大人陪同,倘若大人没有时间,室内游戏便成了最佳选择;因为不安全,宁愿忽视儿童们玩耍的天性,也要让孩子待在安全的室内。安全问题是关键、是基础、是前提,也是造成一方面儿童特别愿意在户外玩耍、但是实际上玩耍的数量和时间却在减少的矛盾现象的首要原因。

我们有丰富的城市建设理论基础,我们的城市已经越来越富有,相信会有这样的将来——儿童玩耍的公共空间成为和其他空间并重的设计存在,这里可以最大限度保障儿童的玩耍安全,这里有着以孩子的玩乐天性和身体条件为根本考虑设计点的设施和项目,品质高,活力足,我们未来的花朵在这里尽情享受成长的乐趣。城市让生活更美好,儿童的公共空间活动状态是最佳见证。

1.1.4 国外城市儿童公共空间的发展、活动需求和安全设计研究

经济发展决定物质基础,国外较早关注城市建设的各个方面,对于人性化的关怀也较好地体现,对于城市公共空间中,儿童活动空间研究较早。美国早在 1900 年就开设了"全美儿童游园协会",并发行杂志,推动儿童游园建设。国外相关研究主要有以下几个方面。

1.1.4.1 城市儿童公共空间的研究

国外针对城市儿童活动空间的研究主要集中在人性化空间、城市公共空间相关的研究中。建筑师扬·盖尔致力于城市公共空间中的交往与活动的研究,提倡人性化城市,在他所著的《交往与空间》和《人性化的城市》中都不同程度地考虑到儿童在户外空间生活中的一些问题。在城市发展、城市空间与城市生活的整个理论体系中,"儿童"这个关键词始终贯穿其中。对于儿童活动的空间,他提出诸如街道与儿童活动之间的关系等。在《人性化的城市》中,明确提出了城市的嬉戏和锻炼的功能,并写道"儿童的嬉戏是城市的一个重要的组成部分"。

克莱尔·库珀·马库斯和卡罗琳·弗朗西斯在《人性场所——城市

开放空间设计导则》中,比较全面地提出了关于儿童的开放空间设计的相关设计导则。书中提出了以下有关儿童公共空间活动的理论:有关儿童游戏活动的研究强调,无论是在哪里儿童都需要游戏;"邻里公园"的建设必须要考虑专门针对学龄前儿童使用者、6～12岁的公园使用者以及青少年使用者的使用需求,并明确提出了其各占比重;在"小型公园和袖珍公园"中的相关研究,也是根据儿童作为主要使用者进行考虑并提出设计原则等。另外对于"儿童保育户外空间",提出了许多相关的设计导则,并将儿童进行了年龄段的分类研究,在城市的开放空间的分类中,也对儿童活动作出了设计导则。在城市空间营造这一层面上,本书对于儿童活动空间的研究作出了卓越的贡献。

美国记者作家简·雅各布斯在 1961 年出版的《美国大城市的死与生》中,提到了城市空间与儿童之间的关系,她认为街道具有交往的作用,特别是城市街道非常方便这个特点对于孩子来说很重要,好的街道可以方便儿童进行无处不在的自由自在的交往与随意玩耍活动,更重要的是能提供保护的作用。

除此之外,在当代城市规划著作中,布罗托 2009 年出版的《儿童游乐场设计》从基本设计布局到细节的处理,提出了针对游乐场设计的原则与指导建议,并且在书中的第二部分展示了 70 个国外优秀游乐场项目。

1.1.4.2　儿童游戏和儿童游戏行为心理的理论研究

在儿童游戏和儿童游戏行为心理方面的研究比较多。著名日本建筑师仙田满对"儿童的游戏环境"这一课题研究了 30 年,他指出自然、密所、废墟、开放空间是儿童最偏好的四种空间,并认为现在的孩子与大人交流变少,而儿童活动场所设计目的在于大人和孩子交流(仙田满,2003)。

教育家和设计师弗雷德·林·奥斯曼在《儿童中心设计模式》一书中,以 20 世纪 70 年代的文献评述、多个儿童中心设计的研究及与幼儿教师的讨论为基础,得出了可用于儿童户外活动环境设计的导则和对策。

《简捷图示儿童建筑环境设计手册》详细阐述了儿童环境设计相关人体测量学数据、空间及其他指导信息,该书作者极力支持儿童发展观,为相关领域的研究提供重要指导。瑞士著名的儿童心理学家皮亚杰经过研究发现,知识是由儿童通过心理结构与环境之间的相互作用构建的;游憩环境是儿童进行活动的载体,具体的游憩环境可以刺激儿童的行为,直接影响儿童的生活质量。

美国威斯康星大学的加里·穆尔及其同事所著的《儿童活动区的建议》(*Recommendations for Child Play Areas*)一书,针对居住区活动空间、购物中心、娱乐中心、校园操场、邻里和区域公园的儿童设施,总结了15条规划建议和56种设计形式(穆尔,莱恩,希尔,科恩和麦金蒂,1979年)。《游戏活动设计导则:儿童户外活动环境的规划、设计和管理(*Play for All Guidelines: Planning Design and Management of Outdoor Play Settings for All Children*)》(穆尔,戈尔茨曼,拉科发诺,1992)一书,以一系列相关活动空间主题为内容,深入探讨了各形式空间的可达性,表达了一种非常坚定的儿童发展观。

1.1.4.3 儿童活动需求

城市儿童户外活动空间偏好研究经历了一个逐步深入的过程。18世纪以前的城市社会,儿童户外活动主要在院子内进行,大街小巷也是他们的活动场所;工业革命开始以后,机动车迅速增多,街道对儿童来说已不再安全。随着城市的发展,城市儿童对于城市环境的需求在城市规划中日益受到关注。20世纪70年代以前,对于城市儿童户外活动场所的研究基本集中在正式的儿童活动空间;70年代以后,城市规划领域的研究开始关注非正式的儿童活动空间。之后,研究者和城市建设者在研究实践的基础上提出了"活动场地:城市"远景宣言,认为整个城市的每一个部分都应该设计为适合少年儿童玩耍的场所(M.欧伯雷瑟,2008)。

对于城市儿童户外公共空间的研究,可以分为正式活动空间研究和非正式活动空间研究两部分(Rasmussen K.,2004)。在此基础上,还开展了儿童独立性活动需求研究,独立活动性成为评价儿童户外活动环境的重要标准。舒拉表示,独立活动性和各种类型的活动场景是儿童自己定义的环境质量的标准(Chawla,2002);屈泰研究认为,儿童独立活动性的程度以及可实现的可供功能的数量是衡量儿童友好性环境的标准(Marketta Kyttä,2004)。

1.1.4.4 儿童安全设计与教育

美国、日本等发达国家较早关注儿童安全问题,主要内容是如何使儿童避免意外伤害,如车辆、火灾、水、不安全设施等给儿童带来的伤害。针对此,在法律条文、土地规划、资金支持、儿童游戏场地设置等方面均有关注(Kennedy,David,1991)。针对儿童户外活动场地安全的研究主要集中在游戏设施和场地自身要素。美国婴幼儿的户外活动场地多是采用橡胶木、草地、水泥地、沙地等,尽可能地避免活动场地、游戏设施给儿童造成骨折、挫折伤、擦伤、扭伤等伤害。

美国人认为,安全教育是学校的重要责任,在解决学生安全问题方面,学校有着得天独厚的优势。2010年3月,奥巴马政府提出,将学生安全教育置于重要位置,承诺为进一步保障学生安全,优先构建新的安全教育模式。每年的5月25日是美国的儿童安全教育推广日。有诸如Take 25之类的公益组织成立了和警察局、社区等进行合作的机构,在全国大力推广孩子的安全教育。美国红十字会设置专门的网站推广“灾难演习”课程计划。甚至在数学课上,有学校运用国家和地区安全委员会所提供的事故统计数据,对学生进行运算方面的教学,学生不仅学会了计算方法,还通过事故计算增强了安全意识。

有很多国家的运动场战略规划中,都提出运用CPTED的方法增加儿童活动的安全性。如澳大利亚兰湾的儿童游戏场规划(Lane Cove Playground Strategy,Dec. 2008)中提出:地方议会和运动场的设计者们需要考虑运动场的选址、设计和设施的安全性。警察部门(和澳大利亚其他团体)鼓励所有的设计者和责任者在公共设施的选址和设计中运用CPTED的原则。

日本在保证儿童在城市空间免受伤害的研究具有典型性,以中村攻所著的《儿童易遭侵犯空间的分析及其对策》为代表。作者通过10年的调查分析,整理出城市区域中儿童易受侵犯的种种空间,包括“区域规划整理区”“变化的城市街区”“电车站附近”“住宅区”“一般城市街区”“危险的公园”等,并通过安全空间与危险空间的对比提出许多优化城市规划的新理念和对策。该书从犯罪空间学角度出发,试图通过合理的空间设计减少儿童受侵害事件,提高城市空间儿童安全性,对相关领域的研究具有极强的启发意义。

日本教育界从幼儿园开始就教给学生诸如“不要走行人稀少、偏僻的道路""上学、放学要结伴而行""与陌生人打交道保持应有的警惕""不要跟不相识的人走"等一些安全常识,"不许学生单独一人玩耍""不许学生单独一人乘电梯"等。日本中小学为学生配备有效的联络与防范通信工具,如随时显示其所在位置的 GPS(全球卫星定位系统)联络装置,如遇不测,一按联络装置马上就能知道学生在何地遇到了危险。

俄罗斯自 2005 年开始在一些地区实施学生配备身份识别牌的制度,选用军用材质,任何情况下,识别牌中的信息都会保存良好(罗朝猛,2014)。

国外对儿童的安全教育与孩子们的游戏融合在一起,并更多地与生活相结合,让儿童在玩乐中自己去体会什么是安全,逐渐形成安全意识,以及应对危险的能力等。这种教育从幼儿园就开始实施。整个教育过程学校是主要实施者,并和家长保持紧密沟通,在社区开展广泛活动,获得社会支持。

1.1.5 国内城市儿童公共空间安全研究

在儿童及儿童游戏理论方面的研究,我国从 20 世纪 20 年代开始起步。著名的幼儿教育家陈鹤琴认为,游戏有益于儿童的身体、智力和品德的发展,他的思想及其研究奠定了我国儿童游戏研究的基础。新中国成立初期,我国学者主要是照搬前苏联有关儿童游戏研究理论。90 年代后,学者们在大量引进国外研究成果的同时,开始探索、构建具有我国特色的儿童游戏理论体系。其著作较之国外还不够丰富,但也有不少成果。

方咸孚等编著的《居住区儿童游戏场的规划与设计》,根据不同年龄儿童活动的特点提出相应的设计导则,对游戏种类的划分,游戏范围的控制,以及不同年龄儿童的自理能力等都有所讨论。

黄晓莺在所著《居住区环境设计》中,用一个章节讨论了居住区儿童游戏场地的规划建设。

建设部 2006 年颁布的《城市居住区规划设计规范》,涉及儿童活动区域规划的主要内容有:居住区内的公共绿地,应根据居住区的不同规划布局形式,设置相应的儿童活动场地;组团绿地的设置,应满足有不少于

1/3 的绿地面积在标准建筑日照阴影线范围之外的要求,以便于设置儿童游戏设施;住区竖向规划设计中,儿童游戏场适用坡度 0.3~2.5。

建设部住宅产业化促进中心 2006 年印发的《居住区环境景观设计导则》中明确提出儿童游乐场的设计要点,主要有:儿童游乐场场地为开敞式,避免道路与噪声对场地的影响;场地不宜有遮挡;游乐设施器械的设置相关规定;提供饮用水设施等;以及游乐设施的设计要点。

台湾中原大学的胡宝林教授长期关注儿童的成长及生存空间,有关儿童发展的著述颇丰:大众心理学丛书《儿童教育新法:绘画与视觉相像力》《儿童教育新法:立体造型与积极自我》《儿童教育新法:音乐韵律与身心平衡》,主持编撰了《托育机构空间设计之研究》,草拟修订了内政部颁布的《托育机构设施规范》中空间与设备部分,并提出了托育机构空间设计原则及模式。其《都市生活的希望:人性都市与持续都市的未来》一书,强调了设计中的人性化观念。其一些有关城市公共绿地的著作中,也有部分涉及儿童游戏场的内容。

姚时章等编著《城市居住外环境设计》一书,对儿童游戏场地设计的各个具体方面做出了详细的说明,对各种设施的类型、构造及功能均加以研究,对实际工程建设具有参考价值;马建业编著的《城市闲暇环境研究与设计》中针对儿童游戏的意义、游戏场设计的原则以及设计的实施等内容作了详细的阐述。

2005 年,北京林业大学学生的作品——"安全盒子"在以"更为安全的城市和城镇"为主题的第 42 届 IFLA(国际风景园林师联合会)国际风景园林学生竞赛中荣获三等奖。该作品以解决北京菊儿胡同儿童户外活动安全为出发点,在胡同里构建了系列安全盒子,巧妙地解决了中国城市传统社区公共空间中儿童活动安全的问题,为我国研究儿童安全公共空间结构提供了积极的开端。

南京农业大学吴爽在结合前人研究基础上,综合了国内外的研究动态,把儿童常遇到的危险划分为交通安全隐患、防范隐患、环境要素安全隐患三方面,最后利用回归分析法初步得出了儿童户外活动空间安全综合评价模型,为国内儿童安全公共空间研究做出了非常有益的探索。

北京大学景观设计学研究院 2012 年出版的《景观设计学——儿童空间与活动》中,专门介绍了最新的儿童在场地中活动的相关理论与设计研究的成果,包括对于儿童活动安全的研讨、户外游戏场地对于使用者的价值等。

1.1.6 研究评述

国外对儿童心理、儿童行为心理、儿童活动及儿童游戏场地等研究较早,形成了较为丰富系统的研究理论,对研究与儿童相关的系列问题提供了坚实的理论基础。对儿童的安全教育已经贯彻到学校、住区、社会、政府,获得了社会公众广泛支持和关注,利于相关研究的开展和深化。对城市儿童公共空间的安全研究已逐步深入,且提供了大量长期调查数据,为今后的研究提供了真实的基础研究材料,保证了研究的可比性和可持续性甚至领先性。总的来说,对城市儿童公共空间的安全研究仍处在起始阶段,思路和技术均在探索中,有待形成进一步成熟的方法和系统结果。但其基础理论可以借鉴,可结合实际为我所用,以开展有关城市儿童安全公共空间结构的研究。在儿童成长急需关怀、城市活力亟待提升的中国,这一领域的研究显得极有开拓意义。

我国对儿童行为心理的研究较为深入,但是往往局限在发展心理学的"狭小"范围内来评说或考证儿童游憩空间的意义和价值,在心理和空间设计中需要进一步研究真正从儿童行为心理及认知层面出发建造的儿童空间。城市公共空间的建设多从规划和形式出发,对其中的儿童安全结构体系考虑较少甚至忽视;儿童安全教育和儿童活动安全设计还未深入全社会各方面,学校教育在此方面不够系统,家庭、社区缺少有规律和有创造的安全教育活动,儿童还没有真正从安全教育中更多地提升自我保护意识。社会对公共空间儿童安全的认识仍然需要进一步加强,形成自发的社会监督和安全管理体系、法规、资金支持和公共参与。

1.2　概念界定

1.2.1　儿童与儿童活动

1.2.1.1　儿童的年龄范围

联合国规定儿童的范围是 0~18 岁(《儿童权利宣言》,1989);我国规定儿童的年龄范围是 0~14 岁(最高人民法院法律规定),但近年来也有与国际接轨的趋势。

研究儿童的空间活动行为要针对其心理发展特点。对儿童的心理年龄划分,学术界有很多分支,主要有以下几种。

① 以智力或思维水平作为划分标准。皮亚杰的分期可以作为代表。他把儿童心理发展分为:感知运动阶段(0~2 岁),前运算阶段(2~7 岁)[运算(operation)即内部化的智力操作或动作];具体运算阶段(7~12 岁);形式运算阶段(12~15 岁)。

② 以个性特征作为划分标准。埃里克森的分期可以作为代表。他把儿童心理发展分为:第一阶段,信任感对怀疑感(0~2 岁);第二阶段,自主性对羞怯或疑虑(2~4 岁);第三阶段,主动性对内疚(4~7 岁);第四阶段,勤奋感对自卑感(7~16 岁)。

③ 以活动特点作为划分标准。艾利康宁和达维多夫的分期可以作为代表。他们把儿童心理发展分为:直接的情绪性交往活动(0~1 岁);摆弄实物活动(1~3 岁);游戏活动(3~7 岁);基本的学习活动(7~11 岁);社会有益活动(11~15 岁);专业的学习活动(15~17 岁)。

智力(或思维)和个性是心理发展的核心部分,用它们作为划分儿童心理年龄阶段的主要标志是可取的,但不宜偏重某一方面而忽视另一方面。以主导活动作为划分阶段的标志,能够看出儿童心理发展的整体面貌,也更能够反映出儿童公共空间活动的特性,因此本书选择的儿童范围遵循第三种标准。结合我国实际,本书初定选择能从事基本的学习活动和社会有益活动的儿童,而且在安全活动的独立性上仍然需要加以看护的儿童群体,即 6~15 岁的儿童群体作为调查样本。

1.2.1.2 儿童活动

行为主体与环境都是一个复杂的体系,它们各有特性,但两者是从一个整体中被分隔开来,两者的主要媒介则是人的行为。行为指的是社会结构意识所支配的能动性活动,发生于一定的环境汇总,并与外在环境(包括人工、心理、自然、物质、文化等)有着紧密的对应关系,并形成一定的行为模式;行为更偏重于人的精神和心理活动。本研究中提到的儿童活动即儿童在城市公共空间,即室外的公共空间环境下产生的各种游戏和玩耍活动,主要包括进入、休息、娱乐、锻炼、自我活动、交往、游戏等。

1.2.2 城市公共空间与儿童活动空间

1.2.2.1 城市公共空间

从城市角度来理解,城市形态由建筑形态实体空间和外部的街道、广场等虚空间共同组成;相对于实体空间,城市的虚空间即可称为城市的公共空间(图1-1)。城市公共空间作为城市形体环境中最易识别、最易记忆、最具活力的组成部分,是市民进行交往和沟通的"城市客厅",展示了城市生活的精神面貌和文化气息,是城市形象最佳的诠释载体。

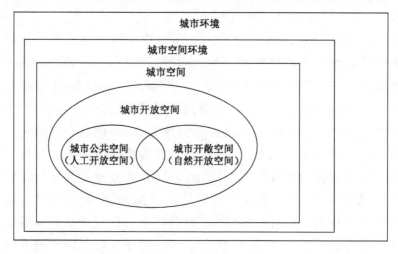

图 1-1 城市空间概念体系

　　"公共"是相对于"私用"而言的,从社会学的角度讲,城市公共空间(urban public space)可以简明扼要地定义为市民可以自由使用的城市空间。李德华认为:狭义的城市公共空间是指那些为城市居民提供日常生活和社会生活公共使用的室外空间,主要包括街道、广场、居住区户外场地、公园、体育场馆等;广义的城市公共空间可以扩大到公共设施用地空间,如城市中心区、商业区和城市绿地(李德华,2001)。刘荣增将城市公共空间归纳为:作为意义深远、蕴涵公共价值的城市公共空间,是居民社会活动的聚集地,它不仅是指一块远离家庭和亲密朋友的区域,而且是一块熟人和陌生人可以聚集的区域,公众通过公共空间表达他们的观点,提出他们的主张,要求或从事其他符合他们利益的活动(刘荣增,2000)。根据百度搜索,城市公共空间是指城市或城市群中,在建筑实体之间存在着的开放空间体,是城市居民进行公共交往、举行各种活动的开放性场所,其目的是为广大公众服务。

1.2.2.2　儿童活动空间

　　目前国内外学术界并没有对城市儿童公共空间做出统一的定义,从广义角度的解释来看,是指儿童存在和使用的城市公共空间的总和。本书所研究的城市儿童公共空间包括正式儿童活动空间和非正式儿童活动空间。

　　正式的儿童活动空间是指专门为儿童使用设置的场所,包括运动场、公园、儿童公园等,是成年人为了避免儿童去不合适的地方玩耍而为其建造的特定场所(Rasmussen K.,2004)。19世纪初,体育活动逐渐国际化并出现了较为完善的体育组织,这大大促进了儿童游戏场的发展。儿童游乐场最初只出现在城市公园里,后来由于受到家长们的热烈欢迎和儿童的喜爱,各种类型和主题的儿童公园相继出现。20世纪初,城市规划对于儿童游戏空间的关注集中在运动场和公园,其后许多政策和实践都集中于对儿童游戏场地进行预先安排,使用专门的设施吸引儿童参与,并且重点考虑了场地的安全性(张谊,2011)。

　　20世纪70年代晚期,关于儿童感知周围城市环境方法的研究开始有所发展,全球性研究开始大量出现(Lynch,1977；Ward,1979)。研究集中在调查儿童与城市环境的相互作用方式和发生动机,基于儿童自身发展的研究开始涌现,目的是找出儿童喜欢的空间类型。关于城市尺度上童年印象的研究,林奇(Kevin Lynch)和卢卡舒克(A. Lukashok)作出了开创性的贡献(Lady Allen,1998)。不同于之前关于正式的儿童空间研究,林奇的研究更注重儿童"非正式"空间的活动和使用方式(Lynch,1977)。随后,贝格和梅德里奇观察到儿童更倾向于寻找那些他们可以自由探索的非正式游戏空间,这些空间未经规划,被称为"第四环境"(Berg & Medrich,1980)。这引起了人们广泛的重视,社会开始关注儿童非正式活动空间,这种认识引发了对于非正式空间,包括街道、商店、门诊部、电影院、公交车中儿童的关注。在此基础上,出现各种强调儿童活动环境多样性的研究。非正式空间具有以下特征要素:开放的;公共使用的;不需要借助其他交通工具能直接达到的;能结合自然要素,成为孩子日常生活中喜欢的活动场所;纯设施化的,以儿童心理为出发点的设计。

　　本研究涵盖正式和非正式两种空间。通常情况下,我国城市中年龄3～18岁的儿童每周五天上学日,两天周休日,从时间和交通距离来看,城市内的各种公共空间基本都能到达。如果把五天上学看作通勤日,有关儿童活动主要涉及非正式空间的安全及设计。因此,本研究中的儿童公共空间主要针对日常活动范围进行讨论,不包括国家法定假日出行空间。

1.2.3　儿童安全价值意涵

　　本研究将儿童在城市公共空间中的活动分为主体安全和客体安全两方面。主体安全基于儿童自身参与活动的视角,包括儿童心理安全、活动安全设计和导视安全。客体安全是基于儿童活动时的看管方和通行路径的视角,包括看护安全和可达性安全,而相关的空间设计研究也是基于这两大层面的五大内容。

　　儿童安全价值意涵层面和内容见表1-1。

表 1-1　儿童安全价值意涵层面和内容

安全层面		安全内容
主体安全	儿童心理安全	根据环境应激理论,儿童通过对环境刺激的认识形成对所在空间的判断,并在这个认知过程形成对环境具有威胁和不安全的判断
	活动安全	儿童在从事各种活动所接触到的设施、植物、铺装、水体等要素安全、材料环保、接触面不会带来潜在的危险
	导视安全	主要指指示和引导要素的安全。引导儿童通向活动区域的导视要易读、清晰,并采用儿童容易识别的文字、符号或者形式
客体安全	看护安全	包括成人对活动空间内儿童的直接和间接监管及守望;所处的区域社会机制良性运行和协调发展;能直接防卫犯罪活动等对儿童造成的攻击或伤害等管理层面的安全
	可达性安全	指到达活动空间的路径直观、安全、适合儿童年龄的通行空间安全;涉及人与车之间的交通安全性、步行环境的安全性;避免周边环境的如坠落、崩塌等安全隐患

1.2.4　儿童安全与儿童安全公共空间结构

儿童安全决定了儿童活动的公共空间的位置、形式、管理方式等属性;空间承载儿童安全内容,两者相互影响。只考虑单个实体空间的安全不能从整体上解决问题;而只在整体空间上建立了安全结构,不顾单个实体空间的安全,也是不成功的安全空间。本书所指的安全空间结构有以下四方面层次。

① 独立空间结构,指具体的空间,如某条街道、某个广场、某个活动场地等。

② 安全空间系统,指一定区域内相关的所有类型和功能的公共空间的集合。

③ 非实体空间内容,指空间实体外的安全内容,如管理因素、公共参与因素、场所文脉等。

④ 由以上三方面构成的空间结构总和。

1.3 城市儿童安全公共空间结构建构与设计相关理论综述

1.3.1 儿童心理学

儿童在不同年龄表现出群体活动共性和个体的活动差异,这是研究儿童和户外活动公共空间的关系,以及探讨儿童喜欢的户外公共活动空间类型及其原因的基础理论。将儿童行为、心理与儿童户外活动空间方面的理论融合,从而在设计中重视空间和儿童行为、心理发展的相互作用。

从儿童心理学的原理可知,儿童游戏的发生是儿童本能及动机驱动的结果,它的发生必定具备一定的前提和动因。在进行空间安全设计之前,我们首先要了解儿童游戏动机,才能"对症下药"。儿童游戏动机的产生可以表现为以下几个方面。

① 活动性动机。人具有活动的本能,在儿童时期,活动不具备较强的动机,多是以游戏及锻炼身体为目的,以获得在身体的运动中生理性的满足及情绪性体验。如单一性动作重复的游戏和运动性游戏主要受此动机的激起。从此我们可以看出"动是儿童的天性"。

② 探究性动机。儿童具有很强的好奇心,对事物具有探知的强烈愿望,这种愿望源于对事物理解的需要,儿童的智力型和象征型游戏就是由此引发,儿童通过参与,在活动中探知事物发生的原理。

③ 成就性动机。儿童在游戏中能获得成就感,这源于儿童的心理需要与社会性交往需要,他们希望在与人交往的过程中达到心灵上对某种期待的满足。儿童多从结构性游戏、象征性游戏和一些规则性游戏中得到成就感的体现。

④ 亲和性动机。儿童游戏中表现出来的亲和性动机主要源于尊敬或认可的需要,并以社会性交往需要为基础。儿童的集体性或合作性游戏的发生受此支持。通过组织一些集体性活动,可培养儿童间的交往与

合作精神。

1.3.2　环境心理学与环境认知理论

1.3.2.1　环境心理学

　　环境心理学的知觉理论认为,人们在构建环境时知觉起着积极作用,人们理解环境的感觉信息在很大程度上依赖于过去的经验,这一理论观点是当今阐述个体知觉环境信息过程的理论先导。心理学家勒温(K. Lewin)认为,个体内部对环境的表征是决定其在生活空间运动的关键因素,这种内部表征归根结底取决于个体对物理环境的知觉。总之,人类行为与物理环境之间有着紧密联系。这些观点为现代环境心理学理论观点的形成奠定了基础。勒温的学生巴克(R. G. Barker)和赖特(H. Wright)在1947年创建了第一个环境心理学研究机构——中西心理学田野研究站(The Midwest Psychological Field Station),专门用来研究真实世界环境对人行为的影响。从研究中产生出的生态心理学(ecological psychology)是环境心理学的先导,它强调在自然情境中自然发生的行为,强调物理环境对人行为的作用。20世纪40年代末,巴克等人在中西心理学田野研究站对自然定居点中居民的行为进行生态学研究,之后陆续进行了一些理论研究;50年代霍尔(E. Hall)从文化人类学角度对个体使用空间进行了研究;60年代城市规划师林奇(K. Lynch)对城市表象和环境认知进行了研究(伍麟,郭金山,2002;张溪明,2007)。这些理论研究都为环境心理学的兴起开辟了道路。

1.3.2.2　环境认知理论

　　通过以视觉为主的感觉器官,人们获得各种城市实体和空间要素的信息,经过大脑的整合,形成对客观物质环境的主观感受和印象。大脑对输入的信息进行筛选,形成一个简化的关系模型来评价经历的环境。"人们解释世界时所遵循的基本维度之一就是可控制性—不可控制性。唯有遵循评价维度,才能考虑外界客体和我的'好'与'坏'"。这个评价即是人们"头脑中的印象",它是粗略的第一印象,建立在人们所掌握的知识和过去的经验基础上(伯纳德·韦纳等,1999)。这将决定人们使用公共空间的方式。接下来,在对公共空间的使用过程中,形成具体的感受,并修正、强化第一印象,以达到一个完整的印象。这时的过程和印象会作为以后对环境评价的知识或经验,将在下一次的使用、认知过程中得到检验和调整,这个过程循环往复,最终构成了人们对整个城市的印象(图 1-2),即心理学家统称的印象(image)、认知地图(cognitive map)等。林奇(Lynch)提出的著名城市印象五要素:路径(path)、边缘(edge)、区域(district)、节点(nodes)、标志(landmark),就是因为受到《意像》(*The Image*)(Boulding,1956)一书的启发后进行的关于城市印象和认知地图的创新研究成果。

公共空间开发赋予了公共空间更多的政治和经济功能,然而却较少地全面考虑使用主体,这是因为两者的认知存在差异。从使用者心理认知印象出发研究适合使用者的公共空间结构,这样的公共空间更具有城市有效性。这也是本文中儿童公共空间形式、类型和布局设计之依据。

图 1-2　环境认知模式图
(图片来源:《城市公共空间建设的规划控制与引导》)

1.3.3　犯罪地理学和 CPTED 方法

空间环境因素通过对潜在罪犯心理的作用而影响其犯罪行为的实施,此即空间防卫理论涉及内容,其发展于城市设计。奥斯卡·纽曼(Oscar Newman)明确提出以可防卫空间理论应对犯罪问题的城市设计策略。随后,美国当代著名犯罪学家杰弗瑞(Jeffery)提出通过环境设计预防犯罪(Crime Prevention Through Environmental Design,简称 CPT-ED)的概念。比尔·希列尔(Bill Hillier)、R. 克拉克(R. Clark)等人也对此做了不断补充和深化。其中,杰弗瑞的成果最为引人瞩目。经过数十年的发展与融合,综合性 CPTED 策略已经成为以环境设计阻止及预防犯罪行为、以城市设计手段干预空间安全的重要理论和设计思想,并广泛运用于美国、英国、加拿大、澳大利亚的实践活动(John Wiley,Sons,

2006）。20世纪80年代后期,加拿大多伦多开始致力于从城市规划和城市设计的角度改善城市治安,以保障安全城市设计大纲为代表的设计策略主要强调人在空间中的可见性、可监视性和空间可识别性,被国际预防犯罪中心和国际经济合作与发展组织誉为最佳实践(Carolyn Weitz-man,2005)。2004年4月,英国副首相办公室(Office of the Deputy Prime Minister)发行了名为《更安全的场所:规划系统和犯罪预防》的指导性成果,从入口和运动、结构、可监视性、归属感、物质性保护、活动的适宜性、管理和维护等方面建立了针对犯罪预防的空间规划和城市设计的基本框架(蔡凯臻,王建国,2008)。

理性罪犯理论(Theory of the Rational Offender)认为,罪犯在一定程度上其行为是理性的,特别是在公共空间中,罪犯会评估行动的代价、回报并选择目标。这个理论认为罪犯会逻辑地选择在哪里实施犯罪行动,这种决策将受到空间环境因素的影响。这种理性罪犯会了解环境中的"因素"是如何运作,因此环境中土地的使用方式和社区印象将会鼓励或是不鼓励犯罪的实施(徐磊青,2003;郑莉芳,2006)。因此,在户外活动空间中,完全可以通过特定空间气氛的营造来减少或制止不利于儿童的行为的产生,从而使儿童户外活动空间具有防卫功能(邢杰,2006)。斯蒂芬斯提出运用环境设计预防犯罪的方法,建设积极的游戏活动空间,增加儿童活动的安全性(Robert Stephens,2005);通过儿童活动场所的可见度增加成人的自然监控,儿童的活动增强属地意识,制定自然的使用限制。

1.3.4　风景园林规划设计

城市儿童活动空间是现代风景园林(Landscape Architecture)规划设计的关注对象之一。风景园林规划设计的根本目的是为人们营造各种环境优美、舒适的空间,其关注的空间对象主要为室外各种尺度空间。空间的优劣判别不是看设计图纸的美丑,也不是看构图的直曲,更不是看造价的高低,而是由该空间的目标使用人群的使用状况好坏判定。只要该空间的规划设计成功满足甚至激发了目标人群或其他人群的活动需求,就是卓越有效的设计。创造安全的儿童空间固然需要相关的儿童理论支持,但是最有效的方法还是要从目标空间、目标使用儿童的实际活动需求出发,在此基础上进行的儿童实体空间设计才是成功的。本书以此为原则,利用风景园林多学科交叉的知识,从中等尺度探讨儿童公共空间的实体空间设计,是对风景园林学科以人为本的特征的生动阐述。

1.3.5 城市设计论

城市设计论(The Meaning Theory in Urban Design)认为,城市设计并不仅是简单的构图形式,还包含其中蕴含的历史、文化、民族等丰富城市形态的主题(洪亮平,2002),儿童公共空间形式也承载了此功能。

① 场所。场所是由自然环境和人造环境相组合的有意义的整体,反映了在某一地段中人们的生活方式及自身的环境特征(赵和生,2005)。

② 文脉。文脉的涵义比场所更深,指介于各种元素之间的对话与内在联系。从城市设计角度即为人与建筑的关系、建筑与城市的关系、整个城市与其文化背景的关系,是局部与整体的关系(陈贝贝,杨剑,2007)。

＊ 小结

本章在对国内外相关领域的发展、动态、存在的问题进行概述和研究分析基础上,提出了关注城市公共空间儿童安全及设计的迫切性。

本章对研究所涉及的儿童年龄范围、儿童活动内容、儿童城市公共空间类型等核心概念进行了阐述,明确了儿童安全价值意涵包含主体安全和客体安全两大层面,儿童心理安全、活动安全、导视安全、看护安全和可达性安全五大内容,这也是儿童公共空间安全设计的出发点。

儿童安全与儿童心理学、环境心理学、城市公共空间设计、风景园林规划设计学科及儿童安全公共空间结构关系密切,这是城市儿童安全公共空间结构建构与设计相关理论基础。

2 城市儿童公共空间活动和安全研究

构建真正属于儿童安全的公共空间,必须从儿童心理和行为活动自身需求分析才能达到目的。本章通过问卷调查的方法,在分析有效问卷的基础上,通过分析儿童日常的空间活动经历来揭示相关于儿童心理的安全的公共空间意象及结构(戴菲,章俊华,2008;吴喜之,2008)。

2.1 问卷调查

2.1.1 调查样本

2.1.1.1 调查地点

本研究调查地点选取南京市鼓楼区内。选择此区域原因如下:①距离合适,方便多次调查;②鼓楼区地处南京市中心位置,是南京城区开发较早的地区之一,区位条件独特,土地利用开发密集,各种人口类型密度均占优势,经济社会活动强度高,其区域空间类型和居民日常活动均具有城市代表性;③本课题及相关课题小组已经在该区域做过初步调查,证实了该区域内不安全问题成为儿童户外活动的最大限制因素,并对不安全的相关因素做了详实分析,为笔者进行进一步研究以及思路拓展均奠定了坚实基础。

2.1.1.2 调查对象

选择鼓楼区小学的学生及学校附近接送学生的家长为调查对象,便于问卷集中发放与回收。按照抽样调查均衡性和典型性原则,根据所在学校周边公共空间类型分布差异,选择莫愁新寓小学、鼓楼区第一中心小学、渊声巷小学、察哈尔路小学、南昌路小学、山西路小学和力学小学等七所小学为调查学校。小学生已经具备了对空间的基本认知、判断和表达能力,本次问卷调查对象主要包括小学生和家长。对家长的调查有两个目的:①了解孩子和家长眼中的空间安全认知异同;②与小学生的问卷作答起对比作用。

2.1.2 问卷设计

本次问卷调查旨在获取以下方面的信息:小学生居住、学校、游戏空间关系;小学生/家长的日常公共空间活动经历;小学生/家长心理认为安全的空间类型及分布;小学生/家长心理安全空间映像表述;小学生/家长心理不安全空间映像表述;小学生遭遇不安全事件属性。

问卷分为小学生卷和家长卷。

问卷问题类型分为两种:开放式问题,让被调查者自己提供答案;另一种是封闭式问题,要求被调查者在提供的选项里挑出答案。开放式问题能更大限度地发挥被调查者的想象力,让其畅所欲言。设计开放式问题的原因是要让儿童自己说话,以充分了解儿童内心所想所需,真正做到从儿童心理出发,以儿童为主;因此问卷调查中,增加了与学生和家长对话环节,并记录访谈回答。

问题排列采用序号罗列式,类似小学生的考试问卷,在形式上取得主要调查对象的心理熟悉感,降低其阅读的难度。问题内容均简化、通俗化,以方便小学生理解。在调查中,调查人员均会给被调查人员作相关问题的解释。

2.1.3 问卷发放与回收

本次问卷调查向七所小学共发放了小学生卷 840 份、家长卷 350 份,分别回收 796 份和 306 份,其中有效问卷小学生卷为 748 份,家长卷为 246 份。问卷统计见表 2-1。

表 2-1 有效调查样本分布表($N=994$)

对象 学校	发放卷(份)		回收有效卷(份)	
	学生卷	家长卷	学生卷	家长卷
莫愁新寓小学	120	50	122	43
鼓楼区第一中心小学	120	50	118	23
渊声巷小学	120	50	107	33
山西路小学	120	50	99	29
力学小学	120	50	86	23
南昌路小学	120	50	101	50
察哈尔路小学	120	50	115	45
总计	840	350	748	246

各学校学生/家长样本中儿童性别与年龄分布情况见表 2-2 至表 2-15。

表 2-2 莫愁新寓小学学生样本中性别与年龄分布表($N=122$)

儿童年龄(周岁)	男孩样本数(人)	女孩样本数(人)	样本总数(人)
6～9	19	16	35
10～13	45	42	87
6～13	64	58	122

表 2-3 莫愁新寓小学家长样本中涉及儿童性别与年龄分布表($N=43$)

儿童年龄(周岁)	男孩样本数(人)	女孩样本数(人)	样本总数(人)
6～9	14	16	30
10～13	6	7	13
6～13	20	23	43

表 2-4 鼓楼区第一中心小学学生样本中性别与年龄分布表($N=118$)

儿童年龄(周岁)	男孩样本数(人)	女孩样本数(人)	样本总数(人)
6～9	13	26	39
10～13	39	40	79
6～13	52	66	118

表 2-5 鼓楼区第一中心小学家长样本中涉及儿童性别与年龄分布表（N＝23）

儿童年龄（周岁）	男孩样本数（人）	女孩样本数（人）	样本总数（人）
6～9	8	7	15
10～13	4	4	8
6～13	12	11	23

表 2-6 渊声巷小学学生样本中性别与年龄分布表（N＝107）

儿童年龄（周岁）	男孩样本数（人）	女孩样本数（人）	样本总数（人）
6～9	13	13	26
10～13	39	42	81
6～13	52	55	107

表 2-7 渊声巷小学家长样本中涉及儿童性别与年龄分布表（N＝33）

儿童年龄（周岁）	男孩样本数（人）	女孩样本数（人）	样本总数（人）
6～9	12	10	22
10～13	6	5	11
6～13	18	15	33

表 2-8 山西路小学学生样本中性别与年龄分布表（N＝99）

儿童年龄（周岁）	男孩样本数（人）	女孩样本数（人）	样本总数（人）
6～9	14	11	25
10～13	40	34	74
6～13	54	45	99

表 2-9 山西路小学家长样本中涉及儿童性别与年龄分布表（N＝29）

儿童年龄（周岁）	男孩样本数（人）	女孩样本数（人）	样本总数（人）
6～9	10	9	19
10～13	5	5	10
6～13	15	14	29

表 2-10　力学小学学生样本中性别与年龄分布表（N＝86）

儿童年龄（周岁）	男孩样本数（人）	女孩样本数（人）	样本总数（人）
6～9	14	10	24
10～13	30	32	62
6～13	44	42	86

表 2-11　力学小学家长样本中涉及儿童性别与年龄分布表（N＝23）

儿童年龄（周岁）	男孩样本数（人）	女孩样本数（人）	样本总数（人）
6～9	8	7	15
10～13	4	4	8
6～13	12	11	23

表 2-12　南昌路小学学生样本中性别与年龄分布表（N＝101）

儿童年龄（周岁）	男孩样本数（人）	女孩样本数（人）	样本总数（人）
6～9	21	23	44
10～13	28	29	57
6～13	49	52	101

表 2-13　南昌路小学家长样本中涉及儿童性别与年龄分布表（N＝50）

儿童年龄（周岁）	男孩样本数（人）	女孩样本数（人）	样本总数（人）
6～9	21	17	38
10～13	7	5	12
6～13	28	22	50

表 2-14　察哈尔路小学学生样本中性别与年龄分布表（N＝115）

儿童年龄（周岁）	男孩样本数（人）	女孩样本数（人）	样本总数（人）
6～9	17	16	33
10～13	41	41	82
6～13	58	57	115

表 2-15 察哈尔小学家长样本中涉及儿童性别与年龄分布表（N=45）

儿童年龄（周岁）	男孩样本数（人）	女孩样本数（人）	样本总数（人）
6～9	15	16	31
10～13	6	8	14
6～13	21	24	45

2.2 儿童公共空间活动分析 I

2.2.1 活动空间类型

前文已经提到,儿童活动空间类型主要分为正式活动空间和非正式活动空间。

本书调查分析涵盖两种类型的公共空间。对象儿童可能经历的公共空间分为:居住区、公园、广场、街道、街头小游园、学校附近活动场地、家附近的活动场地和其他空间等;其中其他空间包括大中专院校、商场店铺附属公共空间、道路两旁的人行活动场地、空旷用地、绿化区角落和其他一切能进行儿童活动的"非正式"设计的公共空间。家附近的活动场地主要指家所在的居住区以内,学校附近的活动场地主要指附属于学校的公共空间或近邻学校的公共空间。

各学校儿童样本活动空间类型如图 2-1 至图 2-8 所示。

莫愁新寓小学儿童活动空间类型以公园为主,其次为学校附近的活动场地(图 2-1)。鼓楼区第一中心小学儿童活动空间类型以家附近的活动场地为主,其次为学校附近的活动场地,公园选项位居第三(图 2-2)。渊声巷小学儿童活动空间类型以家附近的活动场地为主,其次为公园(图 2-3)。山西路小学儿童活动空间类型以家附近的活动场地为主,其次为公园(图 2-4)。力学小学儿童活动空间类型以家附近的活动场地为主,其次为公园,第三为学校附近的活动场地(图 2-5)。南昌路小学儿童活动空间类型以家附近的活动场地为主,其次为公园,学校附近的活动场地仅次于公园选项(图 2-6)。察哈尔路小学儿童活动空间类型以家附近的活动场地为主,公园次之,广场和学校附近的活动场地也占了重要部分(图2-7)。所有家长样本的调查卷显示,孩子活动场所平时集中在家附近的活动场地(尤其指小区内部公共活动空间),其次为公园;有30%的家长回答孩子没时间玩,或者平时根本不玩(图2-8)。

综合所有调查问卷,孩子们平日(不包括国家法定节假日)进行户外活动的场地,首先选择家附近的活动场地,公园(玄武湖公园、小桃园、莫愁湖公园、国防园、清凉山公园、鼓楼公园等市区公园)次之,学校附近的活动场地位列第三(图2-9)。

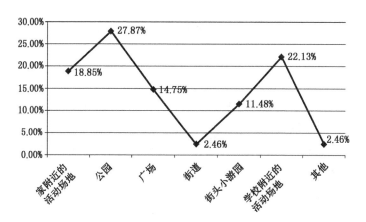

图 2-1　莫愁新寓小学学生活动空间类型

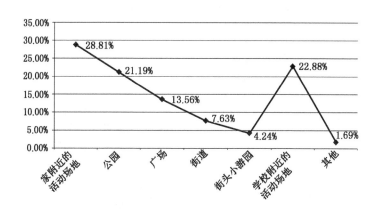

图 2-2　鼓楼区第一中心小学学生活动空间类型

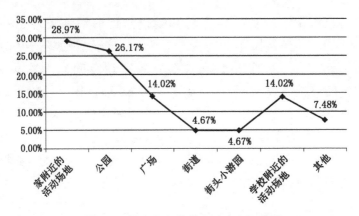

图 2-3　渊声巷小学学生活动空间类型

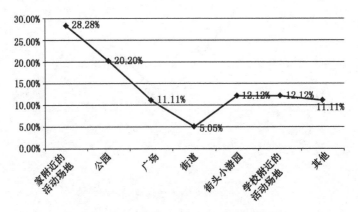

图 2-4　山西路小学学生活动空间类型

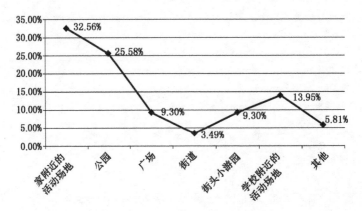

图 2-5　力学小学学生活动空间类型

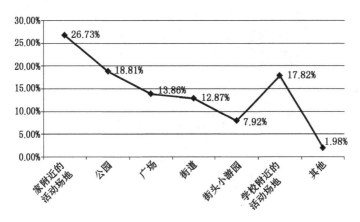

图 2-6　南昌路小学学生活动空间类型

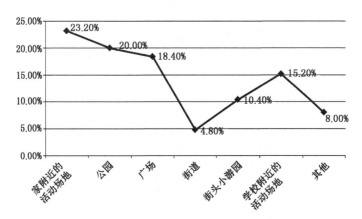

图 2-7　察哈尔路小学学生活动空间类型

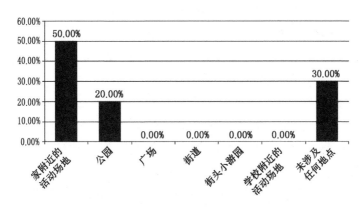

图 2-8　家长提出的儿童活动空间类型

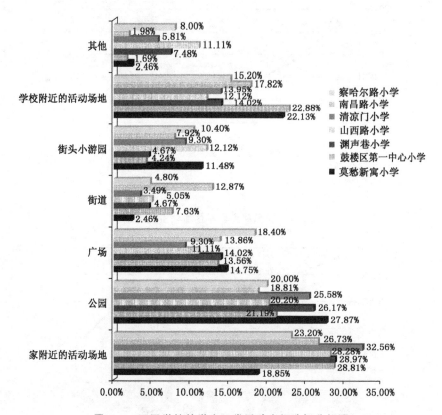

图 2-9　不同学校的学生日常活动空间选择分析图

从图中数据可以看出：

① 平日儿童活动空间具有局限性。家附近的活动场地、学校附近的活动场地以及位于两地之间的公园是主要选择，其次是广场、街头小游园、街道和其他类型。从儿童自身活动兴趣出发可知，儿童日常（除周末）的活动空间需求以非正式空间为主。

② 周末活动具有随机性，场所主要集中在大型公共空间，家附近仍然是主要选项。市区公园是儿童周末经常光顾的地方，其规划设计应该考虑到这一特定人群的需求及需求的定时性。作为住区，无论是规模还是功能都不能和市区公园比拟，但仍是儿童活动长久"青睐"的对象，因此住区的规划设计也应该考虑这一主要使用人群的公共活动需求和需求的随时性。

③ 儿童活动场地具有多种类型。公园、广场、街道以及街头小游园是城市在最初规划布局中常规考虑的场所,但是其他类型的场地孩子们在日常生活中也会经常光顾。从儿童活动适宜的视角考虑,我们在城市规划和更新建设中应该建立更系统、更细致的儿童活动空间。

④ 家长对孩子的活动时间有所了解,但是对孩子的活动空间并不十分确定,说明家长和孩子间的沟通需要加强。

2.2.2　活动距离和范围

从调查可以看出,儿童活动空间集中在两大类,非正式空间在平时孩子们对其偏好度较高,而这些空间多在学校、家附近和从家到学校的路上,距离接近儿童们日常生活的核心。周末较多会选择大型公园或者短途游。这很容易理解,孩子们每周五天要在学校学习,这期间的活动时间只能是在上学、放学路上或者放学回到家里完成作业以后,可达性成为了空间选择的最基本条件。周末由于时间充裕和成人陪伴,因此活动范围更为广泛。据此,我们可以得出以儿童日常作息为规律的儿童公共空间活动距离和范围概念图(图 2-10)。

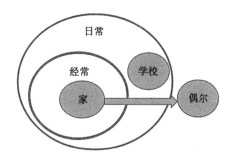

图 2-10　儿童日常公共空间活动距离和范围分析图

2.2.3　儿童独立活动研究

儿童在公共空间中进行独立性活动能促使交往能力、协调能力的发展,并能满足孩子们探索和自我成就的要求。但是调查中发现,只有30％的儿童经常到户外活动,35％的孩子偶尔进行户外活动,35％的孩子从来不单独一个人进行户外活动。不进行户外活动的原因,92%的孩子是不被允许,10%的是没时间,10%是不敢。在调查中通过交谈询问孩子"为什么从不一个人活动时",回答基本聚集在"爸妈说不安全""怕坏人呗""没人陪"。在对所有问卷进行分析后,发现男生和女生在户外活动的频率也有区别,家长对女孩安全的担忧要高于男孩(图2-11)。

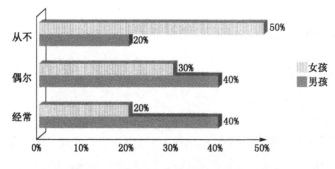

图2-11 男生/女生户外活动频率对比

从这里也可以看出,孩子们现在多是家长陪伴接送上学、放学,对孩子安全的担忧是其最主要的原因。实际上,儿童内心对独立性活动的需求远超于父母的许可范围。

从调查来看,儿童独立性活动的空间主要集中在住宅小区内或者家门口的社区内。

2.3 访谈调查(襄阳市襄城区、樊城区)

第二次调查选择在湖北省襄阳市。襄阳市的义务教育在全国独具特色,但是在经济发展程度和城市空间形态上完全不同于江苏省南京市。本研究试图通过不同调查方式,以及对不同地域的研究,找出问题的相同性和共同性,使得研究具有广泛性和普适性。

2.3.1 访谈对象

选择位于襄城区的荆州街小学和位于樊城区的人民路小学作为调查对象。襄城区和樊城区是襄阳市的两大主城区,两所小学是市区重点直属小学,在生源和教学质量方面都极具优势。荆州街小学坐落于古襄阳府城内,历史文化氛围较为浓厚,是人口最为集中的地区之一。人民路小学坐落于樊城区人民广场商业圈内,是市区经济繁华地带,周边的居住区也较为密集。以两所小学所处地为中心,同时展开500米半径范围内的区域空间形态研究,发现区域内城市形态密度较高,对其进行儿童—活动—城市的研究有助于对儿童公共空间的形式设计有进一步的认识。

2.3.2　访谈问题设计

为了让孩子们最大化地发自内心地展开谈话,本次调研采用面对面交谈的方式,根据孩子们回答的内容进行问题的深化和转移。提问主要集中在以下几方面。

① 平时到户外空间活动的机会多吗? 喜欢吗? 都有哪些活动呢? 都在什么地方活动呢?

② 平时是自己单独去活动吗? 都到哪些地方去玩儿呢? 这些地方是怎么知道的?

③ 从家到学校的这段路上有没有常去玩耍的地方? 为什么?

④ 襄阳哪些户外活动的地方最安全? 为什么安全?

⑤ 怎样描述最喜欢玩耍的空间的特点?

对每个访谈对象进行年龄、性别、居住地点的询问。由于部分孩子和家长对居住点的询问存在疑虑,所以不愿意透露具体居住地。学会对陌生人的防范在每个城市都是那么一致。

2.3.3　有效样本统计

访谈调查从2016年2月持续到2016年11月,访谈对象分布在学前班至五年级的不同年级和不同性别的孩子。经过整理统计,每所小学的有效样本为115份,总计330份。

2.4 儿童公共空间活动分析 II

2.4.1 儿童户外活动类型和活动需求

当被问到"平时到户外空间活动的机会多吗?"这个问题时,30%的同学的答案非常肯定,"不多""不怎么出去玩儿";30%的同学回答"不怎么多""不是很多";40%的同学回答"很多""蛮多""挺多的"。而在回答"是否喜欢在户外空间活动时",80%回答都是"喜欢""很喜欢",有10%的孩子们回答说"不喜欢出去,喜欢在室内玩",还有10%的同学直接回答"不安全,不出去"。

由此可以推断出,年龄集中在6～13岁的儿童,他们内心多数是渴望进行户外空间活动的,而且这种需求可以不假思索地回答出;但是实际上在户外活动的机会或者频率比起孩子们内心的渴望降低了一半,这并不是孩子们不喜欢在外面玩儿,而是出去玩的机会减少了。

对于发生的活动类型,我们根据孩子们的回答进行了分类,主要集中在以下几类(有的孩子的答案占其中多项):球类运动(足球、篮球)、群体游戏(踢毽子、跑跳游戏、跳绳)、班级活动(班级组织出游、环保活动、认知活动)、设施游戏(社区内滑滑梯、玩沙和种植活动等)、旅游(爬山、逛公园)、室内活动(电影院、图书馆、室内游乐场等),各项目的占比分别为10%、10%、30%、10%、30%、20%。

通过对比可以发现,孩子们印象比较深刻的多属于旅游和班级组织活动,这类活动通常在周末或者假期里进行。平时孩子们能自发组织的活动类型占比很低,而且可以发现孩子们的日常活动类型越来越有室内倾向化。孩子们通过自发组织的游戏而进行日常交往的方式越来越少。

调研中儿童活动的空间类型主要有:小区(社区、居住区)、公园(襄阳动物园、荟园)、空旷的场地(回家的路边、放学经过的地方)、广场(小北门码头)、街道(北街、荆州街等)、商业广场(天元四季城广场、永安广场)、学校门口。这里统计的主要是儿童日常活动所在的市区内的空间类型,短途旅游的市外地区不计入内。通过数据比对发现,两所小学的学生所选空间类型不尽相同(图 2-12),这和各类型空间在小学及其周边的分布有很大的关联。荆州街小学在古城墙附近,这里有临汉门广场、仿古一条街北街、荆州古治等景点临近学校;人民路小学临近天元四季城商业中心,周围以商业环境为主,学校门口有很多小吃店和摊位。城市公共空间的多样性能影响孩子们在户外活动的记忆。这和南京鼓楼区小学的样本调查结果是一致的,孩子们对公共空间的记忆和空间分布的多样性直接关联。多种空间形态的存在会吸引儿童进入,引导儿童发生空间活动,而空间越多样,越能激发儿童活动的多样性。

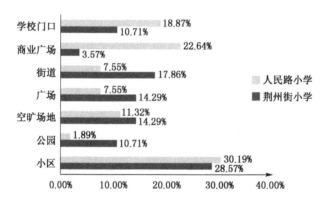

图 2-12 荆州街小学和人民路小学学生活动空间类型分析图

2.4.2 独立性活动研究

针对儿童独立性活动进行访谈,调查发现,90%都是否定性回答,回答形式主要有:"一般都是和家人一起出去玩""出去一般都有人陪伴""和朋友一起""没有单独出去玩过""一般不出去玩,都是和姐姐一起""都是和家人一起出去玩,会安全些""不会自己单独出去玩""不自己一个人出去玩"。只有10%的回答表示能自己出去玩,但活动的场地也仅限于小区。这和南京市鼓楼区的样本分析结果非常近似。问及陪同的家长,不让孩子单独出去玩的原因几乎都是:不安全。可见,在儿童期,家长对孩子的独立性活动和活动范围有充分的影响力。而影响家长判断的主要是对城市危险的认识。儿童公共空间需要从儿童心理和需求出发进行设计,但是安全设计是基础。

2.4.3　空间可达性和空间偏好研究

　　分析两个城市的样本可知,日常活动中,儿童对空间的印象和空间偏好度与空间类型及其分布直接关联。在儿童熟悉的学校或者家附近的公共空间类型越多样,儿童了解的公共空间和在其中发生的活动类型就越丰富多样。这些空间要容易识别,且其可利用性与儿童平时空闲时间,以及儿童生活通常路径直接关联,应便于通达。由此也能看出,儿童对越熟悉的空间形成的印象越深刻,通勤路径中的空间熟知度最高,因为最多次相遇也最容易到达。空间可达性(Spatial Accessibility)是一个在交通规划、城市规划、地理学等多个学科领域被广泛使用和深入研究的概念,不同的学科对于空间可达性的定义各有延伸与侧重。城市公共空间与儿童通勤学校和家联通路径近,容易被观察,容易到达,方便儿童进入,空间被使用频率越高,在儿童的心理印象中越深刻,这对本书第四章的儿童城市公共空间设计提供了研究依据。公共空间要激发儿童开展各项活动,首先类型的组织和设计要丰富,要具有较高的可达性。但是所有的设计都必须以安全为首,只有这样家长才能放开对儿童活动的限制。

　　在孩子们描述偏好的空间特点时,要素性描述有:有水、人多、设施多、有小动物、植物多、各种可滑的坡道和秋千;氛围性描述有:热闹、有趣、可隐藏、到处跑、安全;活动偏好描述有:烧烤、喂鱼、滑滑梯、踢球、搭帐篷、踢毽子。这些关键词也为本书第四章的儿童城市公共空间设计提供了重要研究依据。

2.4.4　基于儿童心理的城市活动空间结构

　　这里包括儿童日常通勤和双休日活动空间,可以独自到达或者需要陪同到达,包括正式活动空间和非正式活动空间。

　　综合前文分析,儿童活动公共空间结构包括:社区空间、学习场地、休闲空间和通勤路径。社区空间包括家或所在小区内、小区外邻近空间、同学家附近;学习场地包括学校及周边邻近场地;休闲空间包括小游园、公园、广场、路上经过的其他空旷地等;通勤路径包括马路及两边人行道、街道及两边场地。儿童通勤日活动空间结构如图 2-13 所示。

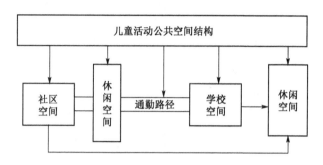

图 2-13 儿童通勤日活动空间结构图

2.4.5 公共空间中影响儿童活动偏好的因素

从场地卫生状况、趣味性、安全性、自然要素的融合、人群交往、场地归属感和空间可达性几个方面分别对儿童喜欢的公共空间进行调查，90％的儿童选择了好玩儿、60％的儿童选择了自然发现，83％的儿童选择了方便到达，85％的儿童选择了安全(图 2-14)。儿童选择空间的最大理由是为了充分的玩耍，而可达性和安全也非常重要。

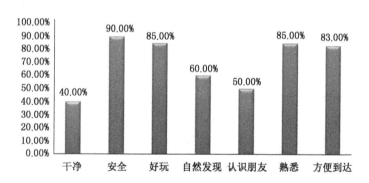

图 2-14 两所小学学生的空间偏好分析图

家长的许可度影响儿童的实际空间选择偏好,98％的家长选择了安全的公共空间,父母对城市公共空间的印象和判断决定了多数孩子的玩耍空间,因为独立活动被父母限制。这种限制会因为儿童的性别不同有所差别,对于独立活动男孩被许可的程度要高于女孩(图 2-15)。但是在调查中通过交谈有的家长也表示,如果孩子年龄再大一些会多被允许在更远更多的地方独立活动。随着年龄的增长,儿童被许可进行独立活动的程度也提高。

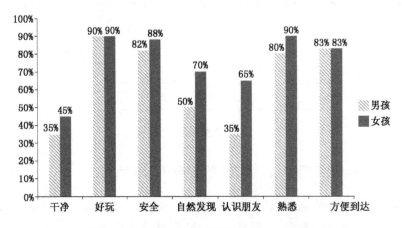

图 2-15 男孩和女孩被许可独立活动分析图

　　在进行空间偏好度调查时发现,男孩女孩在选择喜欢的公共空间时,偏好因子也不尽相同。主要差别在对场地的干净度、人群的熟知度和场地归属感的要求方面;但是对安全和好玩儿的偏好上基本一致。这是一项意料之外的发现,因为在之前的很多文献或者儿童公共空间设计案例中,少有明确提出要进行男女儿童活动爱好考虑,尽管我们在设计儿童玩具时早就会区分性别。这多少会让人联想到"应试教育"的课堂教学模式也是无性别区分的,男孩子被要求和女孩子一样乖巧听话,安安静静要坐好,课间少活动少疯闹;女孩子被认为需要加强运动。但是我们知道男孩子更倾向于运动、女孩子在儿童时期更擅长静静倾听。当然这也是学校为了孩子们的安全着想,但是这些差别可以提醒我们在公共空间设计时,除了要从儿童心理行为考虑,还要更细致化到考虑男孩儿和女孩儿在游戏活动中对空间的需求差别。

　　从襄阳市样本调查可知,空间越丰富,可达性越高,儿童对其记忆越深刻。人民路小学的学生几乎是没觉得什么空间有好玩儿的。南京市鼓楼区儿童在描述公共空间的具体地点时,列举数量明显要多于襄阳样本,而在对空间特点进行描述时,词语的丰富度也更高。这和所调查的对象所具有的公共空间类型和数量是正相关的。这说明,空间形态的多样性和丰富性能影响公共空间中儿童的活动偏好。在对户外活动的需求方面,不同城市的儿童之间有差异,涉及城市空间形态多样性、经济发展程度,以及教育的应试程度。

基于以上调查分析,我们可以将影响儿童选择公共空间活动对象的考虑因素归结为以下几点:安全性、家长的限制因素、儿童的性别因素、空间的可达性、空间的认同感和归属感、空间自身的要素设计等。

＊ 小结

本章阐述了调查对象和分析方法。通过研究得知,儿童活动公共空间类型分为正式性活动空间和非正式性活动空间,日常活动以非正式活动空间为主,且以家附近的活动空间为主。周末和节假日以正式活动空间为主。

儿童独立性活动频率较低,这主要是因为父母对社会危险性的认识限制了儿童的独立性活动;这也是儿童在小学和初中阶段多以父母或者家人陪同方式出行为主的主要原因,当然随着年龄的增长,父母对孩子的限制也逐渐放宽。儿童的独立性活动需求远超于父母允许的范围。

儿童对活动空间的选择主要受到三大方面因素的影响。首先是家长的限制因素;其次是环境对儿童自身的吸引力,这包括空间的认同感和归属感、空间自身的设计要素等,空间形成的环境获得儿童认可度越高,越有可能吸引儿童进入;儿童的性别因素和活动空间的距离因素也成为自儿童心理角度出发的影响因素。

城市中公共空间形态的多样性和儿童活动频率和丰富度成正相关关系,空间形态越丰富越能激发儿童的活动和空间记忆,这些空间要易达,在儿童比较快速和方便到达的位置。

儿童描述空间要素会从设计要素、氛围要素和活动要素三大方面进行,这是进行城市儿童公共空间设计的重要研究依据。

儿童日常活动公共空间结构包括社区空间、学习场地、休闲空间和通勤路径,包括正式活动空间和非正式活动空间。

3 儿童心理安全公共空间结构体系研究

儿童活动的公共空间遍布整个城市,每个空间若能和儿童日常活动范围进行并联或者串联,并形成规范化设计,兼顾结构整体设计,那么安全性设计就有可能得到保证。安全得到保证,进行空间的优化也就有了深入的基础。每个以适合儿童心理和行为偏好为出发点的空间个体可被看做节点,这些节点之间存在空间联结,它们共同构成一个完整的结构体系。在这个体系里安全能得到最大化保障。

3.1 基于安全视角的儿童公共空间心理映像

3.1.1 儿童"活动空间"经历

儿童对城市公共空间的安全印象是其群体或个人对经历的活动空间的感应—认知而获取的心理解(mental reading)类型之一。个人对于城市中某一特定区位与其他区位关系的认识程度可以产生情感安全(Hartshorn,1992;Kevin,1984)。以回家方式为例展开分析。

南京地区小学生平日上学时间为早上 8:30~9:00,下午放学时间为3:30~4:00,一般中午实行封闭式管理,除了午休时间,在外长时间活动时间较短;上课休息期间一般在校园内活动。因此,小学生在除了学校的活动时间,在公共空间活动的时间一般集中在下午放学后和周末双休日。双休日活动具有随机性和广泛性,所以本章研究主要针对平日儿童公共空间安全。

研究儿童平日放学回家的方式,有助于研究其在公共空间活动的频度和能力。

由莫愁新寓小学学生放学回家方式分析图(图 3-1)可以看出:多数儿童由家长接回家;在选择让小学生自己回家的方式中,选择步行回家占多数。

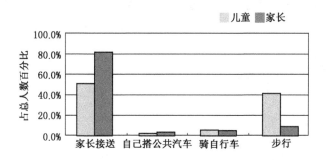

图 3-1　莫愁新寓小学学生放学回家方式

通过图 3-2 可以看出,鼓楼区第一中心小学多数儿童由家长接回家;在选择让小学生自己回家的方式中,选择步行回家占多数。

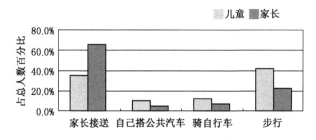

图 3-2　鼓楼区第一中心小学学生放学回家方式

由山西路小学学生放学回家方式分析图(图 3-3)可以看出:家长倾向于接孩子回家,而学生选择自己回家的比率要高于让家长接回家;在回家方式上,家长和学生都倾向于选择步行。

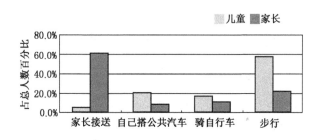

图 3-3　山西路小学学生放学回家方式

由渊声巷小学学生放学回家方式分析图(图 3-4)可以看出:在选择"家长接送"时,家长对此项的选择比率远高于儿童自己所做出的选择率。在选择让小学生自己回家的方式中,选择步行回家占多数。

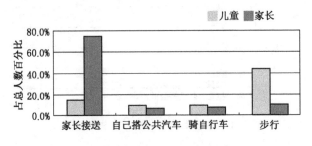

图 3-4 渊声巷小学学生放学回家方式

由力学小学学生放学回家方式分析图(图 3-5)可以看出:家长倾向于接孩子回家;而学生选择自己回家的比率要高于让家长接回家;在回家方式上,家长和学生均以选择步行为主。在选择让小学生自己回家的方式中,选择步行回家占多数。

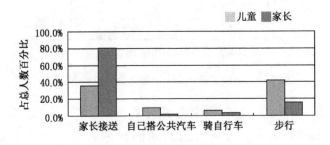

图 3-5 力学小学学生放学回家方式

由南昌路小学学生放学回家方式分析图(图 3-6)可以看出:家长和儿童都选择了"家长接送"的回家方式;而在让小学生自己回家的方式中,家长和儿童都以选择步行为主。

由察哈尔路小学学生放学回家方式分析图(图 3-7)可以看出:多数家长选择了自己接孩子放学回家;而儿童多数选择了自己步行回家,其次是由家长接回家。

由以上数据可以看出,所调查的七所小学在儿童放学回家方式选择上具有以下共同点。

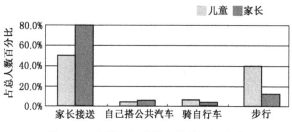

图 3-6 南昌路小学学生放学回家方式

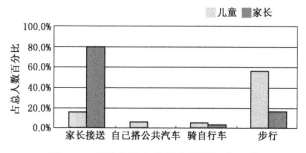

图 3-7 察哈尔路小学学生放学回家方式

① 家长更倾向自己接孩子回家。无论孩子年龄多大,每所学校的孩子由家长直接接回家的比例均在 50% 以上,显示出成人对孩子路上安全的担忧。

② 小学生选择自己步行回家的方式居多,而利用其他交通工具占少数。这是因为参与调查的小学生主要集中在高年级即 10~13 岁人群,这部分学生认知能力开始接近令成人放心的阶段。选择步行说明学校和家的距离并不远,如图 3-8 所示,无论何种交通工具,其行程所需时间多在 10 分钟以内,超过 30 分钟以上的占少数。按照步行 6 千米/时,非机动车 18 千米/时,机动车 70 千米/时计算,学校到家距离平均在 500 米左右,符合《中小学校建筑设计规范》规定的小学为 500 米内的服务半径。

③ 各个学校的学生回家交通方式具有相似性。为了更精确地看出此关系,将各个学校进行纵向对比,如图 3-9 所示,可以看出各个学校选择机动车回家、选择非机动车回家及选择步行回家的学生,其样本数占该校总样本数的百分比均接近。

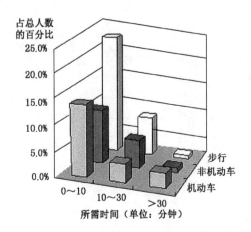

图 3-8 所调查小学生从学校到家时间

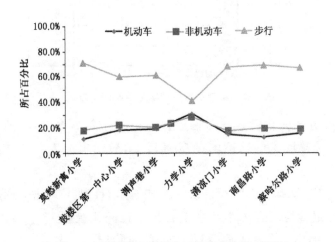

图 3-9 所调查小学学生回家交通方式分析图

相比较于选择交通工具回家的学生群体,选择步行回家的学生群体参与城市公共空间活动的经历更多。每个学校学生选择步行回家的概率基本相同,这说明调查中所有儿童样本发生的活动具有一致性,这点体现在问卷所有问题的答案中。

3.1.2 儿童心理安全公共空间意象分析

采用描述性词汇,对儿童印象中最安全和最不安全的公共空间特征进行描述,得到儿童心理安全公共空间意象。描述分为空间界定、空间的物理属性、空间的场所特性和空间可达性四个方面,描述性词汇有形容词性质和名词性质,其内容见表3-1。

表3-1 儿童心理安全空间意象描述

描述角度		认为安全原因	认为不安全原因
空间界定		能看到周围情况 车辆少 植物不密	车辆多 植物太多
空间物理属性	场地	场地平整干净 光线明亮 游戏设施不伤人 水池安全 植物不密	场地破旧 器械容易伤人 光线暗
	设施		
空间场所特性	标识	人多 有熟人 地方熟悉 有保安	人少 人不熟 无活动 有坏人侵扰过 地方不熟
	氛围		
空间可达性		离家近 容易到达	离家远 不容易到达

针对以上内容进行调查,分别得到儿童和家长视角下安全和不安全空间偏好分析图。

由图3-10可以看出,儿童心理安全公共空间意象描述偏好度排名前四的分别为:离家近、地方熟悉、场地平整干净、游戏设施不伤人和有保安。即对空间可达性、安全的空间场地物理属性和场所特性偏好度较高。

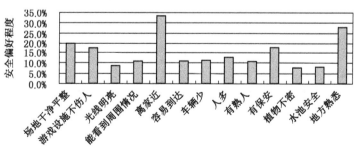

图3-10 儿童心理安全公共空间意象描述分析图(儿童角度)

由图 3-11 可以看出，家长对孩子的安全公共空间意象描述非常清晰肯定，离家近、车辆少、地方熟悉、光线明亮和没有坏人是多数家长最偏好的安全意象，其他特征基本不在其安全考虑范围内。即对空间可达性、安全的空间界定和空间场所特性偏好度高。

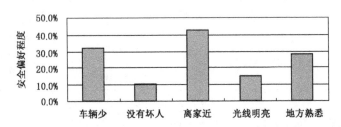

图 3-11　儿童心理安全公共空间意象描述分析图（家长角度）

由图 3-12 可以看出，儿童心理不安全公共空间意象描述偏好度排名前三位的分别为：人少、器械容易伤人、光线暗；人不熟；地方不熟、车多、场地破旧。这几项描述属于空间场所特性、空间场地物理属性和空间界定，即对空间中活动产生的不安全感受较为深刻。而家长主要认为车辆和坏人是最大的不安全意象（图 3-13）。

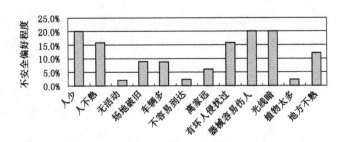

图 3-12　儿童心理不安全公共空间意象描述分析图（儿童角度）

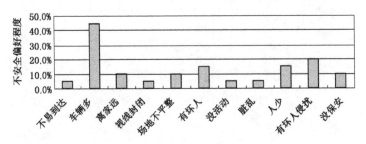

图 3-13　儿童心理不安全公共空间意象描述分析图（家长角度）

由以上分析可以看出:家长和儿童对公共空间的安全和不安全的感受意象存在差异。儿童显然对自己所经历的空间有着更为全面的感受,对空间界定、空间物理属性、空间场所特性和空间可达性四个方面的感受均较细腻,因此对安全和不安全各种意象的描述更为丰富;家长更多关注儿童活动空间的空间界定、可达性,对儿童心理感受安全了解较少。

离家近成为安全意象的最大偏好。无论家长还是儿童均将离家近作为心理安全意象的第一选择。这与前文对儿童心理安全公共空间结构的研究结果一致,家成为安全感知的第一核心。

综合儿童和家长样本对空间界定、空间物理属性、空间场所特性和空间可达性四个方面的安全内容包含的安全和不安全意象描述进行归纳概括,得出有关安全公共空间的六个关键形容词和六个关键名词。

形容词:通透的、熟悉的、整齐的、不伤人的、友善的、易达的。

名词:围合、标识、视线、设施、氛围、空间。

由此得到儿童心理安全公共空间意象描述:通透的围合、熟悉的标识、整齐的地面、安全的设施、友善的氛围、易达的空间,这与公共空间四大安全内容关系如图 3-14 所示。

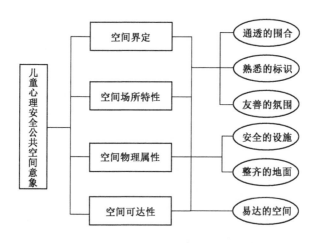

图 3-14 儿童心理安全公共空间意象

3.2　儿童心理安全公共空间结构

3.2.1　儿童心理安全公共空间结构映像

考虑到儿童心理认知和辨别能力,将其对各个空间中活动的安全感知度分为安全、一般安全、较不安全和不安全四个等级。各种空间类型和儿童心理安全感知度如图 3-15 所示。将安全和一般安全定位为安全级别,将不安全和较不安全定位为不安全级别,可得出以下结论。

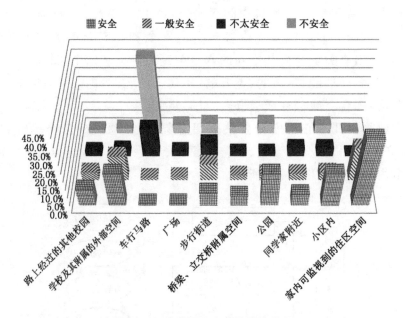

图 3-15　儿童心理安全空间评价图

① 儿童安全级别感知度最高的为社区空间,其次为学习场地。其中,对家或家所在小区内的空间安全级别感知度最高,而家所在小区外附近虽然安全级别感知度很高,但同时其不安全级别感知度也较高。

② 不安全级别感知度最高的为马路及两边人行道。主要原因是交通车辆给孩子心理带来的不安全映像,此项因素在调查中家长和学生反应最为强烈,认为孩子过马路是不安全的最大因素。

③ 其他休闲空间和通勤路径安全级别感知和不安全级别感知同在。其中路上经过的其他校园安全级别感知较其他类型空间较高。

由以上分析得到儿童心理安全公共空间映像结构图,如图 3-16 所示。

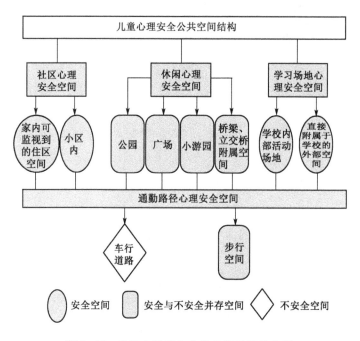

图 3-16 儿童心理安全公共空间映像结构图

3.2.2 儿童心理安全空间结构影响因素

环境应激理论认为,人通过对环境刺激的认识形成对空间环境的控制感、预见性的判断,继而经过这一认知过程将环境评价为具有威胁和不安全的。城市中有些区域被认为是安全的,有些却并不让人感到安全。本书第一章中提到,儿童安全包括从儿童个体心理直接发生的儿童主体安全和反作用于儿童空间行为的客体安全。本研究中儿童日常安全心理空间结构的形成也受到这两大层面的影响,具体影响因素包括:①儿童个体的认知差异;②儿童的空间归属感差异,儿童通常把不知道的和不熟悉的区域看作是不安全的;③儿童的生长环境及其日常空间经历和移动路径;④空间设计品质的吸引力;⑤活动空间许可度;⑥心理安全空间映像反作用于儿童在空间中的活动定向,比如家长对儿童的活动范围的限制中,经常被允许的活动空间范围也会在孩子内心形成安全印象。

3.2.3 影响安全空间结构的儿童主体因素

3.2.3.1 儿童个体的认知差异

不同儿童个体之间心理和生理特征存在差异,因此其感知能力也存在不同。感知能力直接决定其心理安全的构成。随着年龄的增长,儿童对空间的危险要素的认知能力逐渐增强,对空间的安全感知也更稳定、更准确、更具有代表性,这也是本研究选择6~13岁儿童作为调查对象的主要原因之一。

3.2.3.2 儿童个体日常空间经历和移动路径

在调查的儿童样本中,虽然多数对安全空间的类型、结构、意象等具有总体一致性,但是相同的学校儿童样本共性最大,而不同的学校儿童样本在每项要素的偏好度上存在不同,个别样本还有差别极大的现象。襄阳市荆州街小学对空间的安全印象要高于人民路小学样本,因为后者处于商业和交通繁忙区,前者处在车流量较低的古城区。儿童的日常活动范围有限,不同空间活动范围内的儿童对空间的安全感知度存在差异。具有相同居住社区或相同学习场地的儿童心理安全共性极大;反之则促进了他们不同心理安全空间感知的产生。

3.2.3.3 儿童的空间归属感差异

人们对于陌生的事物都会心存戒备,儿童更是如此。儿童对于活动空间的认可程度取决于他对其的熟知度,越熟悉的区域心理感觉越安全,因此在调查分析中发现,儿童描述出来的安全空间往往是他们日常活动最常去的地方,而对于空间安全属性或者特征的描绘也是基于熟知的空间形式。对于儿童来说,日常能方便到达、经常能看到或者具有极高吸引力的空间归属感较强。

3.2.4　影响安全空间结构的儿童客体因素

3.2.4.1　空间设计品质的吸引力

高品质的空间对任何人都具有吸引力,这包括宜人的空间尺度、结合人体尺度的设施、利于目标人群开展活动的场地等。前文研究提到儿童在描述公共空间时喜欢从空间具有的要素、空间里人群及活动、空间的氛围三方面展开,这和儿童的活动特点联系密切。儿童需要较具亲和力的空间,可以随时展开活动,并能满足其对事物探知和尝试的强烈愿望,还能在游戏中获得一定的自豪感。这样的空间被称为高品质空间,容易满足儿童心理安全认可。

当然,空间的要素设计要是安全的。儿童在公共空间活动时,空间中的某些因素可能会使人群在行走、坐卧、观赏、游戏等行为活动时受到伤害,甚至危及生命。比如水池深度过深,又没有在边缘设置防护措施,儿童极易掉进水中产生溺水可能;地面采用的铺装材料表面过于光滑,儿童容易滑到;某些花坛、座椅等街道设施的边角过于尖锐,对儿童存在潜在伤害因素;游戏器械尺度不合理、尖角太多等也会造成儿童意外伤害。要做到空间行为安全,就要针对上述安全要素进行安全性设计,以儿童环境行为学及儿童工学为基础,根据儿童公共空间中的生活行为习性、事故发生规律与空间环境要素的关系,消除可能危及行为安全的事故隐患。儿童心理安全结构意象也显示出儿童对此安全层次的需求。此外,车辆尤其是机动车对儿童步行通过安全产生危害,也是该层次需要关注的重要内容。除了设计适合儿童安全行走的城市道路外,还要注意城市道路与儿童活动公共空间的衔接环境设计,通过合理的场地出入口、信号标识、视线能见、空间分割等设计,减少车辆给儿童通行带来的恐惧,最大化降低车辆对儿童活动公共空间的影响。

3.2.4.2　活动空间许可度

按照亚伯拉罕·马斯洛提出的人类需求等级模型,人类需求存在着从最基本的生存需要到最抽象的审美需要的层级关系,一旦基本生理需要得到满足,人们便会转而寻求生理和心理上的安全感。只有心理上产生了对空间的安全认可,才能够进入其中进行活动,对于儿童更是如此。所有儿童和家长都认为离家近的活动空间是安全的,因为这些空间大多在家长看护范围内,其安全性已经在家长心里得到了证实,因此选择让孩子在其中活动;而儿童也认为这些空间在家长保护地域内,而且对这些场所的位置、处于其中的人群和特征均十分熟悉,满足了其活动地心理安全需求。那些杂乱的、黑暗的、不具有熟悉标识的空间意象往往被儿童视作不安全,这是因为这些空间的"不友善、非可读性"给孩子制造了心理恐惧感。公共空间的可识别性和归属感是心理安全感的重要影响因素,而儿童对公共空间的心理感受安全也是引导其在公共空间活动的首要因素。

3.2.5 心理安全空间印象反作用于儿童在空间中的活动定向

空间安全印象结构在儿童心理形成后,就会获得长久的认可。这种印象会反作用于儿童自身,影响儿童对其他空间的判断、选择和认可。主体和客体因素之间是互相关联的,存在作用和反作用关系,高品质的空间会影响家长对儿童在不同空间活动的限制,以及儿童个体对公共空间的选择偏好,而家长对空间危险意识的判断会影响儿童对空间安全的印象,各个要素相互作用,共同构成儿童心理安全空间结构的影响因素(图3-17)。这些研究结论为儿童公共空间设计提供了有力依据。

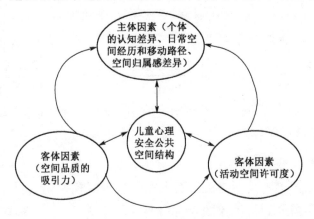

图 3-17 儿童心理安全公共空间结构影响因素关系图

3.3 儿童心理安全公共空间分布模式

空间的安全设计是基础,有了实体的安全环境,一切相关措施的开展将具备最坚实的载体;从儿童的日常活动经历可知,儿童所在的居住地和学校空间是其心理感知最安全的公共空间,也是其活动最频繁的户外空间,因此这两片区域的设计是空间设计的安全核心,而连接这两点路径上的其他空间是其安全连接体系。基于儿童对安全空间的形态和特征描述,可以得出安全空间模式要点,为后续具体的空间设计提供理论依据。

3.3.1 安全核心

3.3.1.1 核心社区空间安全——主要核心模式

基于以上调查研究可知,居住社区是儿童心理安全公共空间结构的主要核心。因为家是儿童非常熟悉和感觉安全的地方,附近的活动空间为儿童心理安全中的认可安全层次,提高其行为和防卫安全是该安全模式设计的主要内容。可从以下几个方面进行总结。

① 居住区用地布局。用地布局是指居住区周边的土地使用方式,这种土地使用方式以及相应的场所产生的活动会对住区的安全环境产生影响,进而影响儿童日常活动空间。比如,在对襄阳市两所小学周边用地进行比较可得知,不同的用地布局直接影响了儿童日常活动的公共空间偏好和活动内容。因为土地使用方式直接决定了所处区域的社会经济环境,而经济环境又影响了居住的人群类型。不同的人群所从事活动不一致,因此户外空间的活动方式也不尽相同;而不同的活动会吸引前来参与的不同人群,这些活动和人群交往会带来潜在的影响儿童公共空间活动的安全因素。因此,环境非常重要,一个大的居住环境对儿童的各项活动都有直接或者间接的影响。中国人自古就认识到周围环境对于自身的影响,因此,如果我们能营造一个比较利于儿童学习的公共空间,孩子就能受到潜移默化的影响。孟母三迁的故事,正说明了此道理。

可防范、有良好自然监视、和谐的邻里环境非常重要,而居住区周边的用地布局直接影响到该环境的营造。进行用地总体布局规划时,尽量选择能营造思想安全、具有高度责任感、能主动进行邻里守望的人们活动的用地方式。因此,针对特定住区的环境,要制定以儿童安全为主的土地利用和空间布局对策。

② 社区间的过渡空间。现阶段,我国居住用地开发模式决定了每个居住社区必须由外围边界分割开来,居住区开发商总在最大程度上扩展边界,造成居住社区间的过渡空间往往成为狭长的带状(图 3-18),在调查中许多小学生反映曾在这样的地方遭遇过诸如抢劫、骚扰等侵害。较为开敞的过渡空间能避免类似空间死角带来的防卫安全隐患(图 3-19)。因此,城市设计应该在总体上限定社区间的过渡空间形式。

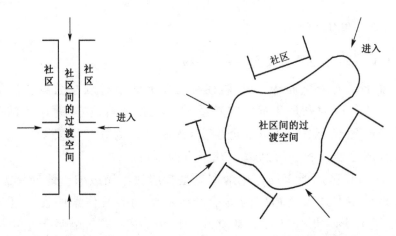

图 3-18 狭窄的社区过渡空间　　图 3-19　开敞的社区过渡空间

③ 社区内部的多样交叉活动空间。针对社区各种不同人群的活动需求,设计适合各种人群的活动空间,鼓励人群进入户外活动。从空间出发,提倡单个空间的活动多样化,使不同人群进入同一空间活动,增加空间活动人群的多样化,提高空间的使用人数和使用率。这是因为,多样的人群能满足儿童心理认可安全层次,且不同人群在同一空间进行活动,彼此间能增强邻里间交流,利于建立友善的邻里关系,有利于增强对社区儿童活动安全监督。

④ 明确的社区建筑布置和道路系统模式。良好的社区建筑应该注重建筑间的"友好互望"关系。住宅建筑成组布置,每组共用一个公共空

间,每组中的建筑间视线能互相渗透,且均能监视到共享公共空间内活动的所有儿童。

建筑间过渡空间开敞明亮,不留死角,道路系统实行人车分流,且路网清晰,步行能到达各个公共空间,没有道路死角。

⑤ 社区精神的营造。这是提高儿童防卫安全的重要方面。建立社区公共活动空间的标志物,提高儿童对各个空间的识别力和归属感;每个公共空间设计特色各异,增强居民对社区的归属感和自豪感,引导其进行户外交流,建立良好的邻里关系,加大对儿童的防卫安全和行为安全监督的强度。

良好的邻里关系有助于对儿童活动的监视,即住区内生活着不同的人群,可能在价值观、生活方式、工作方式等都具有差别,但是社区的凝聚力很强,每个人都会主动进行监视,这会让居住区变得安全,这种监视范围包括周边的街道等公共空间。社区精神的营造有助于促使周围居民对居住环境进行监视和防范,一旦发现问题可及时采取适当措施。

⑥ 公共空间的场地安全设计要素。这是保障儿童行为安全的重要方面之一。公共空间的场地安全设计包含以下要素:合格安全无尖角的游戏器械、软性地面材料、无毒害植物、针对不同年龄儿童设计的趣味场地、平整的路面、合理的台阶高度、合理的坡度、合理的水池深度和保护措施、器械的牢固性等,具体设计方法和措施将在下文详细阐述。

3.3.1.2 学校外空间安全——次要核心模式

学校及附近的活动空间是儿童心理安全公共空间的次要核心。关于学校内部活动空间的设计不属于本文的考虑范围;针对学校附近的公共空间安全模式设计主要从以下几点进行总结。

① 建立多样、安全的校门口空间。儿童就读的小学出入口应有足够的集散和活动空间。但在调查中,多数小学的校门口空间较为局促,没有足够的集散空间,或者直接通向城市主干道和车流量比较大的道路。

② 建立通向学校附近公共空间的明确通道。这种通道必须是以儿童心理安全公共空间结构特点为导向的,甚至是可以直接通向不同居住区,以促进儿童上学、放学过程中的活动,促进儿童独立活动许可。我们甚至可以大胆设想儿童专用从家到学校的通道,专用的儿童通道网络没

有车辆干扰;其边界和出入口处均设有明显的他人禁行标志;通道网络色彩明亮,边界明显,有专人监管,是从儿童活动需求和安全考虑的理想通道。当然这样的通道系统是种很理想化的构想,毕竟儿童生活在城市中,要在平日生活中感知、观察、认识城市,因此和其他人群共同使用城市通道和公共空间是最可行的方式,可在局部地段根据需求建立儿童专类通道。这样的通道能提高社会对该网络的安全关注和监督,在相当大的程度上可以影响儿童的独立活动性,而且能引起建成环境和社会环境的积极变化,进而影响城市公共空间的活力。

③ 考虑儿童活动安全的公共空间设计。现有的多数公共空间并没有考虑到儿童安全设计,往往只是从设计者自身角度或美化城市角度出发。设计应融入儿童活动安全需求,满足儿童对公共空间安全的意象,即通透的围合、熟悉的标识、整齐的地面、安全的设施、友善的氛围、易达的空间。

3.3.2 安全连接体系

这里的连接体系主要指儿童心理安全公共空间结构的通勤路径心理安全空间和休闲心理安全空间,连接儿童心理安全核心——社区安全空间和学校外安全空间。

3.3.2.1 连接廊道

主要包括街道和城市干道,呈线状,且承载着多种运输功能,是整个城市的廊道。这里的街道主要指无车道划分的、以步行为主的、多种交通工具可通行的道路,与城市干道相对,其安全模式主要涵盖以下几个要素。

① 沿街的建筑尺度。芦原义信认为,$D/H=1$(D 为空间宽度,H 为围合建筑高度)时,空间感觉最为宜人,此时街道的光照也最充足。但在现实中因为城市高层建筑较多,若街道或马路宽度和两边的建筑高度比例达到1,则会产生尺度过宽的通行道路。因此应根据实际道路的宽度控制建筑的高度。本研究调查的鼓楼区为老城区,其道路宽度多在 25 米以下,而步行使用最多的道路宽度在 30 米以内,因此从整个城市使用人群考虑,调查样本所在区域的主要人行道路尺度是符合人体尺度的。国

家规范规定,高度为24米以上的建筑为高层建筑,结合$D/H=1$的比例,街道两侧的建筑若控制在25米以内,则有利于塑造尺度宜人、光线充足的步行街道空间,儿童在其中行走,也会感觉身心愉悦。

②　界面。街道或人行道两边的界面应该连续且具有特色,以增加其标识性。在街道两侧可增加连续的商铺,提高对穿行在街道里儿童活动安全的自然监督能力。这些商铺门面应该以开放式为主,避免封闭的商铺对儿童防卫安全带来的潜在侵害,且一定距离内的相邻商铺应该经营同种或类似商品,以降低过于频繁的变化对儿童心理造成压力(中村攻,2005)。在儿童集中通行的街道或人行道两侧的商铺以经营教育、文化等产业为主。

③　出入口。设置多个出入口,为儿童近距离穿行提供可能,为避险逃走提供可能,避免诸如鼓楼区十二新村似一线到底的空间模式。当然这些出口的设置应该开敞、可视性好,不能成为空间死角。

④　视线监视。在道路空间内提高对儿童活动安全的行为监督和防卫监督力。道路空间主要包括三方面视线监视:道路空间内其他活动人群对儿童的视线监视,通常是两边界面开向街道空间的商铺经营者或住户;道路内外视线渗透,如果界面为分割墙体或植物绿篱等,应该留有适当的间隙,能让隔离物两边的视线渗透,增强对道路空间儿童安全的监视能力;建筑的高层住户的俯视监视,在道路边界顶面以上的建筑主要开窗面应朝向道路空间,儿童在道路的活动空间能在住户俯视视线范围内。

⑤　光线和照明。充足的光线和照明是保证视线监视的重要条件。为保证白天有充足的自然光线射入,道路空间设置的主要考虑因素有:适宜的建筑高度和街道宽度比例(≤1∶1)、密度适当的植物植栽(利于阳光射进)、常绿与落叶植物的数量及高度适当选取(自然光线弱的选择落叶树种、高度较低不阻挡光线射入为宜)。

⑥　色彩。明亮活泼的色彩往往能降低犯罪活动的发生(John Wiley & Sons,2006)。采用较为活泼温暖的立面色彩,营造宜人、温暖、安全的气氛,提高空间的防卫安全指数。

⑦　过街安全设置。马路应在地面划分明确的斑马线、保证过街红绿

信号灯完好,在过街出入口设立清晰易读的提示标志和开敞的通行空间。避免车辆对儿童通行带来的不安全事件。

⑧ 安全的城市车行道和人行道隔离模式。城市机动车道和非机动车道间应该有明显清晰的隔离道,如果用密实绿化分隔带,其高度不应高于1.0～1.2米,以免阻隔行人视线。人行道和非机动车道间也应该设立清晰有效的隔离带,防止行走在人行道的儿童由于游戏追逐进入非机动车道遭受意外伤害。在调查的道路中,人行道和非人行道间的隔离往往采用单排行道树、路牙、电线杆等设施,其隔离密度有时不够,过大的间隙往往会给儿童制造误入非机动车道的机会,若采用花坛行道树＋露地行道树则能增加隔离的有效度(图3-20)。城市道路两边多为中高层建筑,若在人行道和建筑间建立合理的视线联系,增加适当的活动空间,也会增加儿童行走的安全监视度,提高其安全性。如图3-21所示,花坛种植或抬高建筑基座能为建筑提供安全的隔离;增加的建筑外空间能为在其中行走的儿童提供宽阔的街道活动空间;如图3-22所示,人行道融入行道树、种植台和其他的街道要素。禁止通过取消停车道拓宽人行道,停车道的保留可提高人行道和车行道间的隔离度,有利于提供宽阔的街道活动空间。

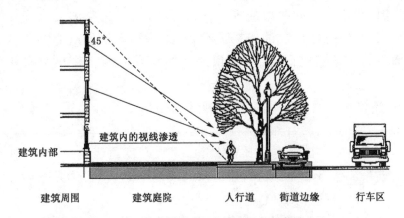

图 3-20 安全的建筑、人行道和车行道模式

(图片来源:http://www.NCPC.com/The National Capital Design and Security Plan,有修改)

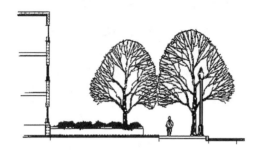

图 3-21 安全的建筑外空间
(图片来源：http://www. NCPC. com/The National
Capital Design and Security Plan)

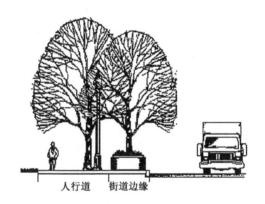

人行道　街道边缘

图 3-22 安全的人行道和街道边缘
(图片来源：http://www. NCPC. com/The National
Capital Design and Security Plan)

在问卷调查阶段已经得出结论，儿童认为车辆是最大的不安全因
素，对车辆的惧怕成为街道步行不安全的主要原因。城市设计领域里以
步行安全为前提的人车分离措施得到了广泛运用，比如将机动车阻隔于
外围，而在内部形成步行街区（如商业步行街等），通过人行天桥和过街
地道等立体交通方式建立步行联系等。而对于人车共存状态的行人安
全，许多学者也尝试通过对街道形态及环境的设计与控制来提高步行空
间的安全性。例如，艾伦·雅各布斯、布彻南等人就发现，与封闭的高速
公路相比，道路交叉口众多、具有人行道配置的复合林荫道有助于安全

性的提升,事故率与事故损失程度明显下降。近年来,学者们经过大量的调研工作发现,在人车共存状态下,合理的街道设计能够在大大提高步行安全性的同时,创造富有活力的步行空间,"共享街道"便是该理念的体现。该理念由荷兰在 20 世纪 70 年代首先提出,并在实施中贯彻人车共享原则。"共享街道"是结合"交通宁静"的技术手段,在确保步行优先的前提下,对街道曲直宽窄等物质形态要素、树木花池等自然障碍物、路面铺装的色彩质感等重新设计,促使驾车人集中注意力,降低车速,避免事故发生。该理念随后在德国、英国、日本等国家实施,并取得了显著的效果。

⑨ 地面和立面的整洁。调查中发现,儿童城市心理安全空间分布和空间的整洁度有直接的关系。建筑物过于密集和陈旧、道路交通流量过大、环境质量脏乱、不文明行为泛滥,都会使人感到社会秩序已遭破坏,人们对空间的控制感薄弱,这对于心理安全认知具有较大影响,这样的环境往往容易促发犯罪行为的产生。因此,为了保障儿童对空间的心理安全感知,应保证地面等的环境整洁度。

⑩ 标识系统。熟悉的空间往往让儿童觉得安全,因为其归属感很高。凯文·林奇也指出:混乱而缺乏个性的空间意象往往会造成人们在空间定位、定向上的困难,导致对环境的恐惧感和心理上的不安,而具有"可读性"的良好环境意象可以减少迷路或迷失方向的可能性,赋予空间使用者心理上的安全感,并能帮助空间使用者在心理层面建立与外部世界的协调关系。因此,为每个街道、每条道路设置与其个性匹配的标识,可以提高儿童对场所的熟悉程度,满足心理安全需求。相关设计将在后文详述。

3.3.2.2 通行路径上的活力斑块

通行路径上的活力斑块即在儿童日常通行路径附近设立安全的儿童专用活动空间。这些适宜儿童安全活动的小空间,犹如斑块分布在儿童通行廊道其中或附近,包括公园、广场、街头公园等含有的儿童活动空间。其目的是增加儿童在户外活动的机会,减少因在车辆通行的环境中随意活动带来的交通伤害。这些斑块(不包括居住区内活动空间和校门口附带活动空间)与儿童通行廊道的连接方式为一次性直接连接

(图 3-23),道路明晰,出入口明显,标识性强,斑块之间不建立过多连接通道,避免通道过多给监管带来困难。此外,由于儿童的活动具有随意性,过多的通道必定给儿童带来识别困难,也为其随意走动带来可能,从而增加儿童活动的潜在危险。此类空间比起城市公园和广场,面积设置较灵活,还能成为城市遗落空间的改良剂。如城市设计中可以将城市建筑中的废弃空地加以改造,设计成为适合儿童活动的安全公共空间,为整座城市注入活力。

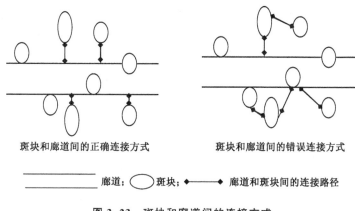

图 3-23　斑块和廊道间的连接方式

3.3.3　儿童心理安全公共空间模式

基于以上研究,我们可以得出结论,儿童心理安全公共空间分布以居住区为主要核心区域,以学校为次要核心区域,以日常从家出发、从学校发散、从家到学校的通勤路径为联通区域。这就提醒我们在规划儿童日常活动空间时要依次展开(主要指非正式活动空间),分布在居住建筑区域的公共空间密集度要高于其他区域。这些公共空间和学校、居住区域和通行路径之间有包含、相离、相交、相切的关系,它们共同构成以儿童心理学、儿童安全需求和儿童活动需求为出发点的城市儿童公共空间,其空间分布模式可用图 3-24 表示。

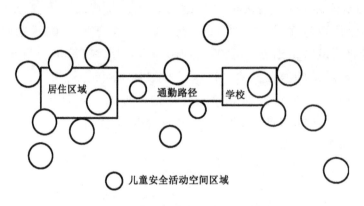

图 3-24　儿童心理安全公共空间分布模式

＊ 小结

　　儿童对于公共空间的描述分为空间界定、空间物理属性、空间场所特性和空间可达性四方面，以此得出儿童心理安全公共空间意象主要有：通透的围合、熟悉的标识、整齐的地面、安全的设施、友善的氛围、易达的空间，这为儿童心理安全公共空间的设计提供有益指导。

　　儿童心理安全公共空间映像结构分为四大部分：社区心理安全空间、休闲心理安全空间、学习场地心理安全空间和通勤路径心理安全空间。休闲心理安全空间主要分布在通勤路径附近或其中，通勤路径连接社区和休闲空间。

　　儿童心理安全公共空间结构及意象的形成受到主体因素和客体因素的影响，主体因素包括儿童个体的认知差异、儿童的空间归属感差异、儿童个体日常空间经历和移动路径；客体因素包括空间自身设计品质形成的吸引力程度、儿童活动空间的许可度，儿童形成的心理安全空间结构印象反作用于儿童在空间中的活动定向。

　　将整个城市作为研究范围，以儿童日常活动为主要研究对象，儿童心理安全公共空间的分布模式表现出"两核心、一路径"的特点，即以居住地（家）为主要空间活动区域，以学校为次要空间活动中心，以通勤路径为连接线，活动空间沿着这几大区域呈现点状密集分布特征，空间和这三大区域的关系有包含、相离、相交、相切，通过点、线、面等各种形式的城市空间进行直接或者间接关联；其中居住区域周围空间密集度要高于其他区域，这也是儿童心理安全需求的最直接体现。

4 基于儿童行为心理的城市公共空间设计研究

　　前文对儿童公共空间的偏好、心理安全公共空间结构和分布模式的研究为本章提供了坚实的理论依据。已知儿童在公共空间活动具有聚众性、随机性、创造性、专注性和延续性等特点。这些特点体现在儿童的具体活动方式主要有：①观看：符合"人看人"的环境行为心理特征。②主动或者被动参与：儿童愿意进入空间活动是前提。③退避：源于儿童对场地的陌生心理、对器械的安全防范或者对其他儿童的惧怕。因此儿童公共空间的设计中，可设计一些多用途的空间，保护儿童因为躲避而遭到同伴的嘲笑，这是对孩子自尊心的安全成长保护。④独处或者隐蔽：这源于儿童私密性交往的需求，这类空间不能缺少。对于这类空间，要防止欲对儿童施加不利影响的"潜在罪犯"。了解这些儿童对公共空间的心理需求及其活动表现形式，才能尽最大能力去建设能让儿童在其中高质量玩耍的空间。

4.1　空间类型设计

4.1.1　正式活动空间

　　正式活动空间主要服务对象是儿童。目前城市中儿童正式活动空间的研究理论和实践日益受到重视，相关的服务半径、类型要求等已经初步形成规范。由于正式活动空间会带来商业利润，比如体育公园、儿童公园、大型儿童游乐场等会吸引城市内外各年龄层的儿童前来消费，家长们往往也会因为平时儿童户外空间活动较少而不惜金钱和时间陪同孩子前往，因此这方面的建设投资较多。这种收费类型的儿童正式活动空间建设并不能代表城市对儿童的人文关怀,每个游乐场是如此相似,这是正式儿童活动空间标准化和以可复制的方法满足儿童的游戏活动需要导致的,这种儿童空间并不强调地方文脉和不同地区儿童成长背景在场地建造过程中的分量,往往会有千篇一律之嫌。

　　因此,在进行儿童正式公共空间设计时,应当分析所在城市的地域文脉、调查儿童成长背景和活动需求。我国的儿童正式活动空间类型多样,但是真正考虑地域特色和地区儿童玩乐教育一体的儿童活动空间仍很缺乏。

　　在这方面可作为典范的有新加坡儿童花园(Jacob Ballas Children's Garden)。这是亚洲第一个专为儿童设计的花园,占地 2 公顷,主要服务于 0~12 岁的儿童,12 岁以上的需要小孩陪伴才能进入。政府建此园的宗旨是让孩子在自然环境当中学习、欣赏和爱护植物和大自然,将自然教学融入热带花园的游赏当中。整个花园植物品种繁多,游乐设施都与植物及自然现象关联,充满了趣味(图 4-1)。园中餐饮也都是围绕植物认知展开,园区的标志尺度和形式也都充分考虑儿童心理,学校和家庭都可以在此展开各种自然知识教育。设计中通过互动设施,让儿童在游玩中非常具体地认识到很多自然现象,比如光合作用互动体验设施(图 4-2)。这种正式的儿童活动场地既考虑到城市地域特色,也兼顾了儿童活动心

图 4-1　新加坡儿童花园中的树型滑梯

(图片来源:www.tripadvisor.com)

理,特色明显,是可以生长并且持续有益于当地儿童的。这种模式值得设计者和管理者学习,可借鉴的在于其完全从儿童角度出发的设计理念,而非单纯的形式上的再次拷贝。这个花园主要以热带植物为主,新加坡与其他区域的气候会有很大差异,儿童的活动方式和形式必然有所差别。

图4-2 植物光合作用展品和儿童体验互动
(图片来源:http://bbs. zhulong. com/101020＿group＿201868/detail10121436)

4.1.2 非正式活动空间

属于儿童非正式活动空间的有:学校附近活动场地、家附近的活动场地、公共建筑门口、空旷地、居住区、购物中心、娱乐中心、校园操场、邻里和区域公园,其他未经规划的空间,这些空间能容纳包括儿童和其他人群的综合活动。

我们对于此类空间的重视程度似乎远远低于儿童正式活动空间,而这些空间恰恰是儿童最常接触和最喜欢的场所,因为它们容易到达,能提供正式空间所不同的游戏机会。这里是孩子们一周七天中最容易参与的地方;孩子往往要等到周末或者国家法定假日,心心念念地和父母一起远游或者度假,由此造成对假期的天天期盼。非正式活动空间越丰富,越多趣,孩子们的生活就越充满了乐趣,而不至于仅限在学校和家庭两点一线,更不至于把乐趣埋藏在电子屏幕下。

在调查中发现,儿童非正式活动空间在我们的城市中尤其缺乏,现代化的城市以城市功能为主,城市的主角由各种排列整齐但联系甚弱的高楼、繁华的商业、各种车行和停车空间扮演,孩子随处可玩的空间被认为可大可小,可有可无,这些空间在孩子、家庭以至社区中其重要性的认识还需要深入。非正式活动空间的数量、品质最能直接反映一个城市对儿童成长的态度,更能直接反应居民的生活质量和快乐指数。

我国城市建设几乎多数沿用功能主义的方法。目前虽然缺乏儿童非正式活动空间,但是在现有城市建设基础上,面对孩子,还有很多空间可以利用和优化。

4.1.2.1 具有创意的商业露天游乐空间

商业是推动城市经济的必需形态,商业建筑开发商和商业经营者们应扩展格局,在寸土寸金的商业建筑或者综合体中预留一片露天的游乐空间,成为孩子们舒适玩乐的场所;这里的设施并非随意买来安装完毕即可,而是经过精心设计,以鼓励孩子们主动玩耍和探索,甚至可以鼓励学生进行设施设计的参与。这样具有创意的免费游乐空间看似毫无现成的利益,但是却能带来很多潜在的消费客户。试想一下,孩子们来这里玩耍,同时他们也要消费,比如餐饮和零食等,这些设施能吸引孩子们逗留的时间越长,孩子和家长潜在的消费机会也就越大。商业利润和儿童关怀是可以并行发展的。

4.1.2.2 连接不同居住社区的游乐空间

现代功能主义造就的城市里,各个居住建筑被道路牢牢分开,邻里的交往越来越弱;而人与人之间的关系是一个城市魅力的展现,更是邻里看护责任心的主要促进要素。弥补社区间的这种空间弱势,可通过增设儿童活动区,在临近的社区设计儿童游乐空间,吸引各家各户带孩子前来玩耍,从而促进交往。这样的活动场地容易达到,容易看护,孩子们独立活动的机会更多。空间内的游乐设备同样须认真选择,要能鼓励和吸引孩子长时间玩耍。这样的空间往往尺度有限,那么可以选择向上发展的设施,目的在于增加孩子们的户外活动,同时缔造融洽的社区生活关系。放学后的时间,孩子们来这里玩耍、交朋友,带着他们来的家长们交流和聊天,成为社区生活重要的一部分。这样的非正式活动空间即成为社区聚集核心。

4.1.2.3 儿童通勤路上的系列趣味空间

在6～13岁的孩子们每天上学、放学必须通过的路径，可以设计很多有趣的节点空间，哪怕只是一个有趣的标志或者可以互相逗乐的座椅，也会给孩子们的生活增加很多乐趣。图4-3中两个儿童在车挡石上一会儿坐下、一会儿站立，互相扮着各种怪样子，玩得不亦乐乎；有的孩子直接坐在了上面长时间聊天（图4-4），可见小小的设施也能被孩子们发明出新的用途。如果这挡石精心设计，赋予其更多形态，那么相信定能吸引途经的孩子驻足游戏。但是在调研中，我们发现，很多从小学直接通往居住区的人行道，停放的车辆和铺装整齐的路面往往是最显眼的，没有很明显的空间提示告诉我们这是孩子专属的。很多潜在的空间是完全可以被利用起来进行儿童空间化改造，比如转角的街头空地，比如人行道上一系列的趣味小品，比如停车空间间的步行区域。这些空间如果在色彩、形态、主题上体现地域和儿童爱好，那么其空间的归属感也会随之提高，孩子的心理安全认可度同样也会提高。雅典的非营利组织"Paradeigmatos Harin"于2011—2012年展开了一场以促进儿童户外活动为目的的探索，在和儿童通勤路上联系比较紧密的6个街区开展以促进儿童户外活动为目的的改造设计，包括全新设计的游乐设备、场地的特殊下跌和平衡（图4-5），旨在锻炼儿童的专注和探索发现能力，项目建

图4-3 在车挡石上嬉戏的孩子们

图4-4 在车挡石上休息聊天的孩子们

成后受到当地儿童的极大欢迎。

图 4-5　雅典街头的儿童户外活动空间
(图片来源：http://www. landscape. cn/news/events/project/foreign/2013/1220/58443. html；雅典街头儿童户外活动空间"PXATHENS")

4.1.2.4　精心设计的居住区内儿童游乐场

这里强调"精心设计"，因为多数住区的儿童游乐场形式雷同，并非完全从住区儿童角度进行设计和设置。相关建设规范早已提出，居住区内必须有儿童活动区；开发商往往对此采用最省力的建设，划出要求的面积大小，铺上塑胶地面，放一些组合玩具、秋千、跷跷板之类的"装配式"设施，这样的儿童游乐场，孩子们可探索或者自我发明不同玩法的机会很少。稍好一点的设置，会增加大面积的沙坑，但也只是一方平地，只不过由沙子填满。其实，设计阶段我们可以再多些思考，除了这些让孩子们机械式玩耍的形式，可以多一些遵照儿

图 4-6　伦敦 Northala Fields 公园里利用废弃物改造成的小土丘深受儿童喜爱

童活动心理的设计。比如很多个堆叠的小山坡（图 4-6），比如更具探索

精神的设备,比如植栽中的自然要素植入,比如可以真正亲水的小溪流和喷泉,这些配置的成本比起各种"傻瓜"式的器械并不会多花费很多。

居住区作为儿童公共空间活动安全核心,理应有这样的精心设计,允许孩子按照自己的活动方式自由玩乐。

4.1.2.5 校园内的玩乐天地

多数学校具备基本的活动空间,允许孩子自由活动的主要集中在体育项目类。校园是孩子们一周中活动时间最长的地方,但是碍于教育的时间和内容,义务教育阶段的儿童们在教室所处的时间远大于户外活动时间,尽管开设有体育课。我们都说,游戏是儿童的职业,孩子们在游戏中接触美的事物、感受美的气息、获得美的体验,尤其是在户外,在自然环境下的集体活动中,这种潜在的引发对儿童的和谐发展会产生积极的影响:个性得到引导,智力得到发展,兴趣和能力得到培养,性情得到陶冶,交往、协作、竞争能力得到启蒙,从而促进孩子身心全面和谐发展。游戏的重要性不言而喻。为儿童创造适宜的活动环境成为环境设计中不可忽视的重要部分。

那么我们如何权衡课堂学习和校园玩耍的时间分配呢?笔者认为,可以通过提升校园玩耍空间的质量,进而提升学生在校园玩耍的质量,高质量的玩耍可以让孩子释放多余的能量,从而更好地投入知识的学习。让自然的植物、动物、微生物进入校园,让探索发现模式成为空间的常态,让活动设施成为孩子们的亲手作品,也就是说这里的空间在户外,但是却可以和课堂教学内容结合,寓教于乐,无论从管理成本还是建设投资,都不会有太多增加,且能拓展课堂的多样化。

图4-7所示为日本东京町田小鸠幼儿园操场,其主体是一个波浪形的混凝土结构,上面镶嵌着多彩的圆窗,阳光透进来在白色的曲面上投下黄色、蓝色、红色和绿色的圆形光斑,本来对色彩和圆形就很感兴趣的孩子们在这个光线充足的花园自由玩耍,既锻炼了身体,又享受了充足的阳光,还满足了探索的心理,促进了想象力的发展,一举多得。

图 4-7　日本东京町田小鸠幼儿园操场

4.1.2.6　无车化的步行空间

上一章已经提到过,城市可以尝试建设无车化的儿童步行空间,连通学校和主要居住区,主要用于孩子的上学、放学,这些空间设有专人看管。在无车化的空间,孩子们可以自由奔跑,追赶嬉戏,家长们也不用因担心交通事故而不停叮嘱。这样的空间除了供孩子们自由行走外,还能改善大量人流给车行道路造成的拥堵现象,进而为城市的观光客提供一处体验城市魅力的步行途径。

4.1.2.7　充满自然要素的空旷地

城市中心或者非中心,存在很多未经规划的空旷地。比如居住区外围,比如学校外围,比如长时间未管理几近荒芜的街头绿地等,城市不能全部改造,处处建设,那么可以让这些地方成为孩子们随时可去的玩耍地,这只需要利用抗性和生长力都很强的植物等就可加以改进:比如撒一片种子营造一片迷你的蒲公英乐园或者野花丛生的花径,比如植栽几棵小鸟喜爱的果树让鸟儿们大胆栖息,比如建造一处鸽子的喂养场地。动植物要素的引入能充盈孩子们的玩耍内容,这样不但成本非常低廉,而且还能为城市的生态环境改善贡献力量。

4.1.2.8　被允许的公共建筑门口玩耍空间

犹记十多年前在南京朝天宫博物馆等人时,正好看到一群聚集在门口坡道旁玩耍的孩子们,他们或由大人扶着或自己从台阶走上去,然后从台阶上的滑梯开心地滑下来。时值春日午后,阳光灿烂,慵懒的等待让我不禁走近这气氛暖人的环境中,仔细一看,发现两侧的石滑梯上很有规律地分布着一道道的凹槽(图 4-8)。出于专业原因,几秒之内我和同专业的伙伴便明白这是玩耍的孩子们一代代积累下来的"成果",那一刻竟心生感动,因为撇开深层次的历史文化背景,单就普通市民最简单的午后空闲乐趣来讲,这个经意或不经意的设计,能供大人们晒太阳和聊天,也能供孩子们长久的玩耍,其乐融融。这不正是城市公共空间最有魅力的体现吗?!

图 4-8 南京朝天宫博物馆门前的石滑梯
(图片来源:http://gxqwykwq.blog.163.com/
blog/static/193254519201023184235368/)

后来经常留意对此类情景,发现很多公共建筑门口具有一定的集散空间,设计中涵盖的台阶、坡道、带有空洞的大型雕塑往往是孩子们最喜欢的要素。孩子们喜欢沿着台阶上下和蹦跳;喜欢在坡道上不停滑下,而且坡道越长吸引的孩子年龄范围越广,甚至会有大人前往体验,坡道在孩子眼中就是玩乐的滑梯;对于一些雕塑,孩子们也喜欢驻足停留,甚至会模仿同样的动作,这也是商家在门口摆放各种雕塑吸引客户的原因;尤其是对一些带有孔洞的雕塑,孩子们隐藏的天性瞬间被激发,开始钻来钻去。这些公共建筑的门口如果能被和善地允许并且进行亲和的设计,那么我们的城市将会又给孩子们发放很多福利,当然前提是不能阻碍正常的通行和经营。因此,入口空间的多元共赢的设计又是另一个有趣的话题。

4.2　空间要素和形态设计

4.2.1　设施

设施是游戏空间的焦点,这些设施包括能供孩子开展游戏、并供大人休息和看护的公共设施,方便亲子游戏、承重力较强的玩乐设施,以及空间营造及导视的景观设施等。

4.2.1.1　游戏器械

游戏器械形式多种,按游戏的形式可分为摇落式器械(如秋千、浪木)、滑行式器械(如滑梯)、攀登式器械(如攀登架)、起落式器械(如跷跷板)、悬吊式器械(如单杠、吊环和水平爬梯)及各种组合式器械等。儿童通过对器械的玩耍得到快乐,同时锻炼了身体素质、尝试的胆量和善于合作的意识。

攀爬、滑行类的器械能培养儿童的运动能力和挑战自我的勇气。通过器械游戏,儿童可以逐渐熟知和增强自己的身体控制力、手脚的平衡能力、节奏的协调能力等。攀爬类的器械种类越来越丰富,有绳索式的(图4-9)、链条式的、攀岩墙类的、景观结合攀岩类的(图4-10)等。儿童通过设施设备可以模拟自然环境中的爬山、爬树等活动体验。设施的设

图4-9　新加坡儿童花园中的绳索式攀爬设施

(图片来源:http://www.yuanliner.com/2014/0910/6344.html#p=5)

计要和整体空间取得一致,充分利用基地条件,并考虑儿童的身体尺度,配置适宜儿童足部踩踏和手部抓握的尺度和材料,同时可巧妙地与景观效果相融合。图4-11所示为巴黎贝尔维尔公园游乐场中的攀岩设施,此设计利用既有的山坡地形,融入居住的房子和船舱等儿童熟悉的建筑元素,整个场地的攀岩难度设置不同,适合各种不同年龄的儿童参与玩耍。

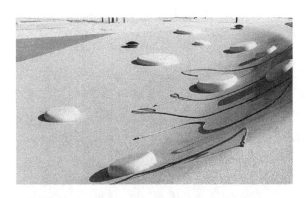

图4-10　既作为景观又能供儿童攀爬的设施

图4-11　巴黎贝尔维尔公园游乐场中的攀岩设施
（图片来源：http://bbs. zhulong. com/101020 _ group _ 300185/detail19184783）

孔洞类器械或设施往往是年龄较小的孩子们的偏爱。1~5岁的婴幼儿对圆形或者孔洞类事物比较感兴趣,他们会整个身体进入,试图去发现和探寻,若能在其中遇到新的小朋友或者更有趣的事物,成就感就会油然而生(图4-12)。

图 4-12 新加坡怡丰城中儿童游乐设施
(图片来源:《新加坡 城市不可以忘记游乐园》,尹宝燕,马天天,2011)

此外,儿童游乐带轮子的器械,包括各种小推车、练习骑行的手扶式小车,以及其他可以骑行的车辆,涉及年龄段较广。这类器械对活动场地尺度要求比较大。

空间中对于游戏器械的选择,要考虑不同年龄阶段的儿童需求,配置不同的游戏方式与空间。对较小儿童而言,游戏场的难度较低,游戏较为简单,如爬梯、斜坡、坡度小的滑梯;对较大的儿童,相应游戏难度应该增大。不同层次的游戏挑战激发儿童的兴趣,促进儿童身心的成长,适宜性和难度应分层设置。统一尺寸的设施不能构成游戏的挑战性,觉得容易的儿童会感到无聊;觉得太难的儿童又容易出现游戏冒险和危险。因此,儿童户外活动空间的设计必须了解目标儿童的成长特征、游戏方式和空间需求等,满足所有年龄儿童的游戏需求。

4.2.1.2 非器械类游戏要素

非器械类游戏要素也是公共空间的另一大组成部分,主要包括沙地、塑胶地、亲水设计、微地形、植物种植、轮滑坡道和自行车道等。

① 沙地和塑胶地。低年龄儿童对沙地较为感兴趣,如果沙地里放置难度大些的游戏器械,则会吸引各年龄层的儿童;沙地的规模至少要达10～20 平方米,才能容纳一定数量的儿童活动并在其中交流。沙地要求以细沙为主,并且考虑排水通道,防止动物粪便积累。沙池四周以非锐角设置。除了常规的沙地设计,可以结合微地形等开展沙漠景观营造。

塑胶铺地要注意选用环保材料和排水设置。

② 亲水设计。人天生有亲水性。水是自然界中最生动、可塑性最强

的元素之一,也是儿童最喜欢的自然元素。水可以带给儿童不同的视觉、触觉、听觉感受,满足各年龄阶段儿童的心理需求(图4-13)。水是儿童活动场地最重要的设计元素。儿童活动公共空间设计必须把握好儿童亲水的特性,综合运用多种设计手法,形成水池、水闸、小溪、喷泉、旱喷、水渠等多种儿童喜爱的形式,满足儿童的嬉水、涉水、戏水、摸水等需求(图4-14)。水景的设计还可结合景观小品的设置。

图4-13　儿童的亲水特性
(图片来源:http://www.yuanliner.com/2014/0910/6344.html♯p=5)

涉水　　戏水　　滑水　　赏水

图4-14　人和水的互动活动
(图片来源:丁绍刚,《风景园林概论》,中国建筑工业出版社,2008)

　　③ 微地形。儿童倾向于凹凸不平的地面,喜欢在凹凸变化的地面上行走、滑行、追逐、攀登和游戏,这是孩童好奇和探索心理的体现。运用这一特性,利用和加强现有地形的高程变化,人为设计出各种形状的凹凸地面,可为孩子提供自我发明玩法的空间(图4-6)。

④ 植物种植。儿童活动空间里除了无生命的硬景,植物、土壤和其中的动物、微生物是孩子们探索自然的最好对象。设计植物种植地,并设立必要的说明,在植物的生长过程中让儿童参与其中。现今在城市流行的"屋顶农场"就是很好的例证,孩子们可以自己动手种菜植树,社区有了更多的互动项目,孩子们的生活平添几分亲近自然的乐趣(图4-15)。

图 4-15　北京市朝阳区呼家楼街道社区的屋顶小农场
(http://stock.sohu.com/20130418/n373066119.shtml)

此外,考虑到年龄在 8 岁及以上儿童的空间活动需求,轮滑坡道、自行车道、滑板场地等空间设计也是必需的,这类场地面积要求较大,为了节约空间,可结合一定的地形或者建筑形态的延续展开。

4.2.1.3　导视系统

我们的城市多数趋向于功能主义和成人化,表现在儿童公共空间视觉导视设计缺乏,孩子们对公共空间的识别和辨认必须在成人的指导下慢慢学会,儿童与空间进行无障碍交流缺乏机会。城市应该具备基于儿童视角的公共空间导视设计,这些设计能考虑到不同年幼群体儿童的认知能力,形成引导和被识别的导视系统,为其空间解说,使儿童能快速、全面了解公共空间功能分区、最优路线和最佳场地,指引儿童在所生活的城市畅通无阻。

儿童公共空间的导视系统设计风格应是多样化的,目的只有一个:让儿童既能在家长解说下辨识,也能自己独立读懂。重点体现在形式的儿童化、尺度的合理性、材料的可持续性和环保性。

图 4-16 莫斯科动物园的导视牌设计
图片来源：http://www.sj33.cn/article/visj/201604/45287.html

① 形式的儿童化。主要指标识的设计要基于儿童对色彩、图形、文字、符号、声音等的识别能力，并能形成具有儿童风格的形式。

颜色和形式：人类在认识客观环境和物件时，最先关注的是颜色，其次才是形状、性能等。所以儿童在幼年时期最先掌握的就是色彩，儿童空间中的视觉导视要注重颜色的选择和应用，以及色彩搭配比例、色彩形态比例等。儿童对颜色的感知具体表现在视力的发展和识辨颜色能力两方面。刚出生的婴儿视力很弱，幼儿期的平均视力在 0.5～0.7，而 10 岁时视觉调节能力达到最大值。由此可见，儿童对颜色的认知程度随年龄增长而加强。因此色彩是最直接有效的视觉刺激方式，视觉导视设计选择儿童喜欢的颜色附在图像或文字上，能成功吸引儿童注意力。儿童天性喜欢鲜艳明亮、饱和明快，而又不太复杂的色彩，公共空间中采用这种色彩能让儿童减少陌生感，激起对空间环境的情感共鸣。图 4-16 所示是莫斯科动物园的导视设计之一，其运用了明快简单的蓝色、草绿色和白色，配以面积较大的具象的动物形象和活泼的方向符号，图和底的颜色对比鲜明，非常容易识别，即使不看字孩子们也能一眼就读懂标牌的含义。

形状：笔者通过对儿童的长期跟踪调研发现，孩子从 1 岁半开始就对生活中的各种圆形的事物感兴趣，比如家具上的圆形孔洞、地面上下水道的小孔、人的鼻孔和肚脐眼，这也是很多优秀儿童绘本都以立体的圆形为基础进行书籍设计的原因。圆形是儿童对这个世界最早的认识；到了 3～4 岁，儿童开始对其他形状兴趣增加，对基本的圆形和方形能识别，但是分不清正方形和长方形；到了 5～6 岁，儿童基本掌握了各种基本的几何图形(如圆形、方形、三角形、椭圆形、扇形等)的识别能力,并能和生活中的具体事物的形状进行联想;7～8岁的儿童开始有了空间图形的思维能力,但是对事物的认知和输出(绘画)还是以平面为主;到了14～15岁,儿童开始具备比较完整的空间想象力。由此可知,儿童对形状的认知是从认识该物体形状在现实生活中常见的代表物着手。

对于导视设计的方向指示处理上,5岁以前的儿童多数需在家长的陪同下辨清方向,5岁以后的儿童能自己能做出相对理性和正确的方向选择。因此,考虑到5～12岁孩子的认知心理,可从带有明显共性特征的二维图,或儿童所熟悉的封闭区域范围内的动植物图形进行设计,这样既能引起孩子们对标识的注意力,又能通过标识的艺术化设计激发孩子的艺术想象。美国苏明达动物园阿拉伯数字与动物形象相结合的标识设计,就显得非常直观形象(图4-17)。

图17　美国苏明达动物园的阿拉伯数字结合动物形象的标识设计
(图片来源:王艳秋,《城市步行公共空间导向标识系统规划研究》,
北方工业大学,2016)

文字:3～5岁的儿童,对文字认知的渴望开始出现第一个高点,对城市各种标识中的汉字开始进行认读和记忆;6～12岁,需要借助文字形态的变化来表达具体的情感,这种情感要强于对文字本身的兴趣需求,这时候开始喜欢变化多端的、颜色和形态各异的文字形式;12～15岁,已经进入青少年时期,这个时期的儿童已经有相对较强的主观意识,对字体的喜好已呈现相对稳定的选择,基本能和成人一样去认读城市各种带文字的标识。对于标识的设计,变形体文字是比较好的选择,因为在儿童眼中,这些变形字体能够很容易被联想成大自然动植物的形态,或者是被想象成某些物体的夸张变形。

文字、图形和颜色是儿童标识设计的三大主要要素,当同时使用时要考虑各自的比例和统一的图示表达。一般情况下图形占导视牌的大部分,文字占图标的约三分之一,英文占图标的约四分之一,要有各自符合空间主题的表达形式。图 4-18 所示是某儿童医疗中心的各功能区标识设计,以色彩度比较饱和的基本色和儿童比较熟悉的图示为主,而且图示有符号线条直接联通到每个房间,儿童能一目了然找到所要进入的房间。

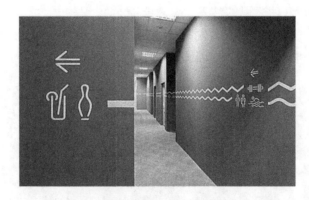

图 4-18 某儿童医疗中心的各功能区标识设计
(图片来源:http://www.3lian.com/show/2013/12/16653.html)

新加坡儿童花园(Jacob Ballas Children's Garden)中的标识牌的形状和所要导视区域的动物或植物直接关联,色彩方面也采用大色块,配上少量的文字,很方便孩子辨认(图 4-19)。

②尺度的合理性。主要指各种标识的尺度要考虑孩子们的身高和观看距离。儿童的视角范围随着年龄的阶段性特征而有所变化。研究表明,6~12 岁的儿童身高在 110~150 厘米,因此在儿童导视设计中,一般将导向标示牌摆放在距离地面高度为 120~150 厘米处;12~15 岁的儿童身高在 150~175 厘米,导向标示牌摆放在距离地面 160~170 厘米的高度。过高或者过低,因为视野的局限性就会使得儿童难以识别。合理的高度设计,能减少儿童因看不到导向标示牌传达的信息,产生对空

图 4-19　新加坡儿童花园中的标识牌设计
（图片来源：《新加坡　城市不可以忘记游乐园》，尹宝燕，马天天，2011）

间迷茫的事件发生。

4.2.1.4　景观小品设施

① 休息座椅。小小的座椅有着大学问。停坐行为的产生是公共空间质量和活力的重要指标，能否为人们提供舒适便利的座椅或者可以坐下的地方，是评价公共空间品质的关键指标之一。儿童公共空间中的座椅除了考虑儿童，还要考虑成人在其中看护时的使用需求。不同的人对座位的要求不同，儿童的选择会相对灵活，各种形式和材质的座椅都可以使用。年轻人可能会席地而坐或者坐在边缘的地方，而老年人则会对座位的要求较高，既要舒适又要安全。

座位的形式可以是固定的长凳、台阶、花坛的边缘、可供停坐的小品等，摆放位置不能正对阳光，防止光线刺眼；同时考虑冬天对阳光的喜好，部分座位可以布置在冬天能晒太阳的位置。至于材质方面，要尽量做到舒适，否则设置再多的座位也会失去意义，如我们经常在冬天看到石材表面的座位而拒绝坐下。因此，座位的材质要选择温度调节较好的类型，能够在夏天不烫，冬天不凉，并能和环境的氛围融合。

座位设置的位置很重要，往往空间中具有依靠的边缘具有良好的视野，可以观看到空间中发生的事情，给人安全、不易被侵犯的感受，可使人处在局部隐蔽的空间中观看正在发生的事情。此外，要保证儿童正在进行的活动不被打扰或者互相不干扰。如果设计没有充分考虑所有人群的心理需求，最好的方式是多放些可以移动的座椅，人们根据自己的需求进行选择和摆放。

② 照明设施。合理的照明设施能为儿童在夜晚活动提供可能性，从而延长儿童的活动时间和距离。儿童空间的照明设计遵循照度、亮度、

安全设计,防止灯光对儿童眼睛的伤害;在形式上,结合儿童喜闻乐见的方式,强调场地主题,增加空间的趣味性。

③ 垃圾桶。这在各种空间中都是必需的。具体到儿童公共空间,可以结合培养儿童的环保意识,增强垃圾分类的教育,进行垃圾桶的设计和摆放。垃圾桶放置的位置要合理,其上对于垃圾分类的标识也要直观形象。如果仅仅有"可回收"和"不可回收"文字标识,那么孩子们是无法理解的,可以在不同分类垃圾桶上直接设计对应的垃圾图示标识。此外,垃圾桶的开口要够大,垃圾箱旁要留有适当的空间,便于多名儿童使用。垃圾桶开口的高度一般距离地面 23~91 厘米,以适合多数儿童身高。

④ 饮水、洗手设施。这在我国城市公共空间普遍缺乏,只有少数发达城市或者城市的某个区域有饮水、洗手设施的配备。而这些设施是体现城市关心孩子健康习惯的另一细节。当然,为了减少建设成本,可以将洗手设施和儿童亲水设施融为一体。

4.2.2 空间布局模式和空间组织

4.2.2.1 分级的儿童公共空间

儿童心理公共空间布局模式为我们在进行公共空间的布局提供了很好的参考。儿童活动空间布局是有层级和距离偏好的,这类似我们国家对绿地、对居住区、对公园等建设的规定,有城市级别、居住区级别、组团级别、街道级别等。类似的,对于儿童公共空间在整个城市的布局,是不是也可以有如此详细的规定,这种规定可以细化到每种类型的非正式活动空间,以此引起足够的社会重视? 回答是肯定的。空间无论大小,首先要以儿童到达为首要考虑因素,每个空间都能方便儿童通过公共交通方式直接到达,而不是非要借助私家车或者旅游大巴。此外,每个空间的组织要考虑所在城市区域的特色,融合进儿童游乐空间的设计元素,孩子们在玩乐中就认识了城市的文化,身份认同感无形加强,城市归属感自小便在玩乐种被塑造。

4.2.2.2　各空间间的有机联系

儿童公共空间像细胞与人体的关系一样分布在我们城市,有机生长。我们的城市规划需要考虑"胞间连丝"——连接儿童玩耍空间的通道,这些通道应该是绿色且只由非机动车所属。儿童和家长可以从一个大空间骑自行车到另一个大空间,或者步行或者奔跑,沿途有很多绿色的风景和稍小的空间。用于儿童活动和玩耍的公共空间就是这样一个连接一个,丰富着我们的城市。

4.2.2.3　空间组织

对于单个空间设计,要考虑儿童的活动需求,这就要求我们不能只是简单地铺好塑胶、然后放置一些玩法单一的器械。空间内的器械是用于对儿童活动的有序组织,设备是为了引导孩子们进入其中进行探索,玩法不止一种,孩子们可以借此发现多种游戏方式,这样的空间能带动周边社区的活力。荷兰海牙的 Billie Holiday 公园就是这样的案例。公园之前并没有太多人来关注,包括附近的居民,后来社区委员会组织了当地居民参与公园的改造,让居民进行公园远景描绘,在此基础上,足球场被翻新,自行车道重新改善,最重要的是增加了一处孩子们游玩的设施。这是由设计师 Carve 设计的有机体外形的蓝色小丘,小丘有三个高起的部分,整个形体围绕场地的大树自由弯曲延伸,延续变化,形成了一个可供各个年龄段的儿童玩耍的游乐设施(图 4-20)。这个小丘上有很

图 4-20　荷兰海牙 Billie Holiday 公园里的蓝色小丘
(图片来源:http://huaban.com/pins/296489354/)

平缓的平台,人们可以自由选择座位;还有逐渐升高的看台可以观景;比较高和厚的地方被从中挖开,形成可以进出的"隧道",满足儿童猎奇心理;最高处形成一座 2 米高的攀爬墙壁,这个有着流动形式和连续表面的雕塑式游戏设备非常自然地组合了各种活动形式,成为儿童甚至成人的兴趣空间,在短期内成为这个地区的聚会焦点,是非常成功的案例。

4.3 空间趣味性设计

孩子们在选择喜欢空间的理由时,"好玩儿"成为了首选,这说明一个空间的趣味性是多么重要。儿童具有好奇、探险、尝试并从中获得成就感的活动愿望。利用儿童的这些特点,因势利导进行玩乐设计;孩子们在趣味玩耍中有"原来是这样子"的自我感想,那么这个空间多是充满了乐趣的。空间趣味性设计主要立足于启发性活动设计和自然探索设计,这两点在营造高质量的儿童公共空间非常重要,具有这两点设计要点的空间往往也具有了安全的基础。

4.3.1 启发性活动设计

4.3.1.1 勇气启发

引导儿童在玩耍中逐渐增强勇气,实现自我挑战的成就感,是启发性设计目的之一。这种设计往往会借助攀爬式器械、绳索式设备实现。这些设备具有一定高度、变化的形状、透明的脚下通道或者封闭的围合(图 4-9 和图 4-11),孩子们往往对其有一定惧怕,但是如果能克服恐惧感,敢于进入其中并能坚持完成,勇气也就得到了锻炼。这比我们常见的设定好方向、带滑梯和楼梯的组合式器械(图 4-21)要更能锻炼孩子的勇气和观察力。

图 4-21 设定好玩法的游戏器械

4.3.1.2 创意探索启发

一个高品质的空间能考虑到孩子在其中的自我发现，可以让孩子在其中经过观察、思考、尝试等发现其他的要素、玩法或者现象。这能启发孩子的观察力、创造力和解决问题的能力。比如荷兰阿姆斯特丹 Osdorp Oever 游乐场的蛇形攀爬设备(图 4-22)，整个爬行途径是一条自由弯曲的长筒状，高低不同，整个设备采用透明的外围护形式，这样能在外部观察到孩子在里面的活动；蛇形设备在空间开阔处通过增加线状的连接设

图 4-22 荷兰阿姆斯特丹 Osdorp Oever 游乐场的蛇形攀爬设备
(图片来源：http://blog.sina.com.cn/s/blog_4c2aefb20101ba0c.html)

置通过方式,从这里可以直接钻出或者多绕几个开口,孩子们因此展现出了各自的智慧,乐此不疲地反复尝试,开心玩耍的同时又获得了尝试成功的成就感。整个爬行路径因为使用透明的网状材料,敢进入其中并且坚持完成也是勇气的锻炼。好的设计正是多方面同时启发在其中玩耍的儿童的。

除了在设计中考虑不同的玩法,也可以设计或放置一些设施,不设定确定的玩法,依据孩子在游戏中跑、跳、滑、触摸、翻滚等活动偏好,让孩子在其中自由发明玩法。比如雅典街头儿童户外活动空间"PXA-THENS"中有一组大型几何体设计,孩子们各自通过观察和尝试找出了适合自己的玩法(图 4-23)。新加坡的西岸公园(West Coast Park)是新加坡最大的公营公园之一,建设的主题是"西区的游乐中心",设施方便老少各个年龄层,场地设置有观鸟、露营场地、自行车道、风筝区等。公园里最热闹的是以孩子为主的冒险玩乐区(图 4-24),该区域引进了几组精心设计的游乐设备,这里有超级大滑梯,有沙地,有吊板和类似装有弹簧的弹跳板等,结构都非常简单,但是这些设计中每一个设施的玩法都很多,不同年龄的小朋友都能在这里找到适合自己的玩法。有拿着废弃瓶罐玩沙子的,有三五成群比赛弹跳的,有互相挑战滑梯奔跑高度的,有将小伙伴从一端推向另一端的,还有攀爬在巨大的三角塔上的,活动多种多样,没有一个是固定的,但是每个玩法都值得孩子们尝试着去玩一下。

图 4-23 雅典街头一处供儿童玩耍的大型几何体设施

(图片来源:http://www. landscape. cn/news/events/project/foreign/2013/1220/58443. html)

图 4-24　新加坡西岸公园冒险玩乐区

（图片来源：http://www.mafengwo.cn/poi/10930.html）

如果一个设计能聚集很多孩子，就说明这个设计是成功的，哪怕最初并不是专门给孩子设计的。在襄阳市调查时，发现岘山公园有一些供游人休憩的大型座椅（图 4-25），这些座椅分布在四处，所用材料和形式非常相似，是组系列设计，其中一处成为了周末孩子们的聚集点之一。我们看到孩子们对这处座椅的凸起和坡道部分非常感兴趣，孩子们干脆把这里当做了一个集奔跑、跳跃、滑行的赛道。较小的凸起被当做了障碍，有孩子不停从其中跨越，年龄稍小的孩子们从平地慢慢跑向滑梯处；

图 4-25　襄阳市岘山公园里的座椅设施成为了儿童的玩乐天地

年龄在 3 岁以上的孩子尝试在最大的坡道上逆向而上,一旦成功就面露笑容,成就感油然而生。天气较好的时候,这里挤满了 1～12 岁的孩子。可惜这个公园由于地处市郊,面积又比较大,孩子们基本只能在周末前来玩耍。如果在市区的街道或者社区公园能有这样的小型设计该多么好。设计简单,玩法无限,这是对孩子们最大的玩乐启发。

4.3.1.3 交往启发

公共空间的活动能提供社会性发展的启发机会,这里主要指孩子之间的交往。在活动过程中,孩子首先必须协调和接纳不同年龄、不同性别、不同能力孩子的存在;其次,在空间使用过程中,在与他人共同使用空间的同时,产生了合作、竞争、协作、接纳、交流等社会性关联,在这个过程中,孩子们能直接感受人与人交往的需要。在上文中我们提到的荷兰阿姆斯特丹 Osdorp Oever 游乐场的蛇形攀爬设备,就可以很好地提供孩子们相互认识的机会,因为蛇形空间有限,孩子们在通行过程中难免和其他小朋友有肢体接触,由此激发交流技能(图 4-26);还有襄阳岘山公园的"巨型椅子",在调查中,我们看到大些的孩子在成功跑向坡道之后主动伸出援助之手,帮助那些没掌握要领的孩子们,还有的主动邀请陌生小朋友进行比赛。具有交往启发性的设计具有这样的特征:能将孩子聚集在一个适合交往距离的空间;能让孩子们进行玩耍方法的交流;装置能同时容纳多个孩子一同玩耍;能提供不同的玩乐方式。

**图 4-26　荷兰阿姆斯特丹 Osdorp Oever 游乐场的
蛇形攀爬设备节点设计**

(图片来源:http://blog.sina.com.cn/s/blog_4c2aefb20101ba0c.html)

　　根植于上世纪儿童群体记忆中的跳皮筋、跳房子、翻绳子的传统儿童玩耍项目,到了 21 世纪,城市的孩子们似乎很少再继续玩耍了。这些颇具特色的玩乐方式往往需要至少两个人合作才能进行,是锻炼孩子们交往能力的很好的游戏方式,而且占用场地少,喊上小伙伴说玩就玩。这些游戏项目,虽然称不上国家级文化遗产,但是从儿童的成长方式来看,是不是也能将其提升到一代群体的非物质遗产中,而在孩子们当中提倡和延续呢?

4.3.1.4　文化启发

　　我们常常谈一个城市的归属感,一个场所的文脉延续,任何的空间设计都应该具有所在地域的独特特征和文化习俗,包含或是具体文化符号,或是传统活动,这为孩子们提供了特定的文化熏陶和积淀的机会。很多研究都表明,儿童在特定场所中进行活动所形成的集体记忆,会成为一种重要的、与其未来相伴的文化基因,潜移默化地影响其今后的行为和意识。因此,设计中运用当地的材料、文化符号、乡土植物,引入有区域意韵的活动方式,潜移默化间增加儿童的文化和精神财富,并在其成长的相当长的时间具备认同感和归属感。

　　上文提到的跳皮筋(图 4-27)、跳房子、翻绳子等传统游戏项目,是在传统街巷和院落的城市空间模式下孩子们的"游戏发明"。在新的时代,这些活动方式是不是能以新的空间载体进行延续。比如将跳皮筋引入

图 4-27　传统游戏项目跳皮筋

(图片来源:http://photo. xitek. com/photoid/369024)

空间设计中,不同的是支撑皮筋的可以换做可变换高度的固定设施;比如跳房子,将粉笔绘画的方式换成地面铭刻的方式;再比如将翻绳子的成果图设计成儿童玩乐的系列景观小品。新的时代,新的物质载体,对孩子的方方面面的文化启发不能忘却。

城市管理者、建设方和设计师将对孩子的启发看作"规范"式的要求,那么儿童在城市公共空间的所有问题都能一一得到解决。

4.3.2　自然探索设计

4.3.2.1　自然探索设计的重要性

从大的生态系统来讲,人是自然环境中的成员之一,因此,人与自然环境的关系不能疏远,对于儿童的成长更是如此。研究表明,自然环境在儿童日常生活中具有重要意义,在自然环境中玩耍游戏有利于儿童身体健康和认知能力的发展,自然让儿童可以不受成人世界的规则束缚,而按照自己的意愿尽情游戏。

《林间最后的小孩——拯救自然缺失症儿童》(*Last Child in the Woods*)的作者 Richard Louv 访问过几千个家长和小孩,多次问到他们小孩子为什么不像以前那样,喜欢跑出去,到野外去,到森林里去,到海边去,到山上去。有的孩子们说他们感到外面的世界可能会乏味,他们喜欢呆在"有插座的房间里"。即便到了户外,他们还是不能不插电,他们带着 Ipod 走在鸟语花香的树林里,他们在黄石公园用掌上电脑打电子游戏。上帝把美好的大自然摆在他们面前,几乎是枉费心机了。他们在夏季的乏闷中,去看一个比一个更刺激的电影,然后心中更加充满饥渴,这就如同夏日里用可乐解渴。Louv 问:为什么不去大自然呢?

Louv 说,人类和自然的关系有三个阶段,曾经是人与自然合一,后来自然成了一种浪漫的外在事物,再接着自然成了电子时代无关紧要的外部存在。

现代孩子们和自然环境的疏远的状况在全球都是普遍现象。这不是孩子们的问题,这和我们的城市发展建设有着极大的关联。

现代城市建设是基于功能主义城市的理论基础之上的。功能主义理想中的美好城市首先要走向商业繁华,因此城市对建设商业设施的看中程度远高于对儿童游乐设施的重视,游乐场被当做儿戏,可有可无。孩子们即使走出户外也不会发现自然的乐趣,因为没有自然可以发现,自然环境正在从未来一代的生活当中消失,室内的娱乐正在取代室外的玩乐,这让儿童直接接触大自然的机会慢慢消失。

然而孩子需要自然:它是"第八智能"(Howard Gardner);它培育我们的创造力;它需要我们去呵护;它是我们的道德老师;它是我们心灵的安慰;它是我们的学校;它是神灵对我们说话;它是美的源泉。"梵高最出色的画作,又怎能比得上那灿烂的星空!"(Richard Louv,2005.)耶鲁大学的教授 Stephen Kellert 说,现在的社会对大自然过于陌生,我们几乎忘记了,我们本来就是生于大自然。这种状态对于新一代的孩子尤其严重。没有自小让他们接触大自然,他们几乎以为供应电玩的能源是天然就有的,未来他们是否会意识到,地球陆地原本应该是绿草覆盖,而不是灰沉沉的混凝土。

因此,富有大自然气息的游乐环境,在这个时代显得特别重要。引入自然设计,在安全而有益身心的环境里,营造具吸引力的空间,提高孩子们对自然的探索兴趣,让他们自发、逐步走出户外。

实际上,儿童天性比其他年龄层的人群更喜欢亲近自然。自然中的水、树叶、花草、沙土、昆虫都能成为他们感兴趣的玩具或玩伴。因此自然探索设计的主要方法有:引入植物、动物和微生物设计要素;通过活动设施让儿童充分体验下雨、刮风等自然现象;设计在自然中玩耍的项目并使其自然生长。这些设计可以设置在儿童日常生活的各个空间。

在这方面,新加坡的儿童花园获得了广泛的好评,园区里的各种设计都是以 0~12 岁孩子的自然教育为主,设施极富趣味,符合儿童玩耍天性和活动尺度,能让孩子在玩耍中识别植物、见证大树的生长、了解水等自然要素和植物生长的关系,甚至亲身体验植物光合作用的原理。

由 HASSELL 设计的澳大利亚墨尔本海港家庭和儿童中心屋顶花园也成功吸引了周围建筑中的儿童进入其中,释放探索的兴趣(图 4-28)。

花园的总体设计形式是模仿干涸的河床,其中包括一个戏水区,几

图 4-28　澳大利亚墨尔本海港家庭和儿童中心屋顶花园

个生产花园,一条游戏车环形轨道,同时在软质地面上搭建有攀爬设施和其他游戏设施。设计运用了一系列暖色近自然质感的材料,比如青石、板岩、砾石堆、圆木、枕木、竹竿以及圆石汀步等,选用大叶的亚热带植物,营造出欢乐的空间气氛。

孩子很喜欢沙坑和沙石挖掘区,这里可以充分发挥想象和创意;各种各样可以攀爬的表面为孩子们提供了丰富的触觉感受,同时也对蹒跚学步者增加了挑战的机会;此外,花园中种有水果、蔬菜、药草及攀爬植物等,孩子们被允许参与到食物生产与制作的过程中,提升了活动的兴趣。该设计在市中心充分利用屋顶空间,为儿童创造高质量的活动空间的同时,增加了城市绿化设计,调节区域环境。

4.3.2.2　融入绿色理念的设计

现代的儿童所生活的城市日益凸显各种环境问题,如何通过比较活泼的方式让孩子们能从小接受环保、资源再利用、循环使用等这些绿色环保理念呢?与其花费诸多工夫将其写进课本知识,不如将环保理念贯穿入空间设计的方方面面,让孩子在其中玩耍游戏的过程就有所认识。比如我们可以将无毒安全的废旧材料,经过重新设计组装成儿童的游戏设施(图 4-29),让儿童知道原来废旧材料还可以重复利用;将雨水收集和利用的过程进行全面展示,结合儿童对水的喜爱,进行水资源利用的环保教育(图 4-30);把废弃的工业设施回收再利用,改建成具有迷宫、通道、塔楼和滑梯和攀岩的游乐场（图 4-31）；将现有的未利用的建筑材料重新组合，形成成本低廉的儿童环境教育游乐场所（图 4-32）；甚至可以利用各种高科技技术将儿童活动产生的能量利用于孩子们玩耍的游乐设施。如此一来，对孩子的环境保护教育就在儿童公共空间的安全活动中实现了。

图 4-29　日本 Nishi Rokugo 游乐场（轮胎游乐场）
（图片来源：http://www. chla. com. cn/htm/2015/1119/242312. html）

图 4-30　纽约市雨水收集游乐场
（图片来源：http://www. chla. com. cn/htm/2015/1119/242312. html）

图 4-31 荷兰回收废弃风轮设计成游乐场设施
（图片来源：http://www.chla.com.cn/htm/2015/1119/242312.html）

图 4-32 贵州省桐梓县环境教育主题儿童乐园
（图片来源：http://www.chla.com.cn/htm/2015/1119/242312.html）

＊ 小结

本章在对儿童心理和活动需求进行探索的基础上，进行了适合儿童的高品质城市公共空间设计研究。

儿童公共空间设计的类型应该同时具备正式活动空间和非正式活

动空间。正式活动空间主要有运动场、公园、儿童公园、运动公园、植物园,这些类型的空间设计基本都有对应的规范设计要求,相关部分对此的重视程度要高于非正式空间设计。我国城市空间形式中非正式活动空间主要有八种类型:具有创意的商业露天游乐空间、连接不同居住社区的游乐空间、校园内的玩乐天地、儿童通勤路上的系列趣味空间、精心设计的居住区内儿童游乐场、无车化的步行空间、充满自然要素的空旷地和被允许的公共建筑门口玩耍空间,这些空间围绕儿童日常生活的区域,方便儿童到达,而且能丰富城市形态,增强居民的城市归属感和自豪感。我们的城市迫切需要对这几种类型空间建设的重视。

　　空间要素设计构成了基本的空间形态,要素设计主要包含设施类设计、空间组织和布局。设施类设计主要包含器械类设施、非器械类设施、儿童导视系统设计以及景观小品设施设计。儿童导视系统设计重点体现在形式的儿童化、尺度的合理性、材料的可持续性和环保性等方面。对于空间的组织和布局,本章主要从分级的儿童公共空间、各空间间的有机联系,以及空间组织进行了概括性的研究。空间的有序组织能引导儿童进入其中并发现不同方式的玩法,这也是空间趣味性启发设计的关键。

　　儿童都偏爱充满了趣味性的空间,愿意进入其中快乐而持续地玩耍。空间趣味性设计可以从启发性活动设计和自然探索设计着手。通过形式的灵活设计、空间的自由引入、尺度的聚集、不同的玩乐方式设置、装置的文化植入,以启发游戏中的孩子在促进勇气、交往能力、文化认同、创意创新和观察探索等各方面能力的发展。自然要素的引入和富有自然气息环境的营造也是吸引儿童的重要方式,旨在通过趣味化和自然化的设计,让儿童在安全而有益身心的环境里,逐步热爱我们的城市公共空间和户外游戏,并通过快乐地玩耍更好地成长。

5 儿童公共空间安全设计研究

基于前文儿童心理安全公共空间结构体系研究和儿童行为心理的城市公共空间设计研究,本章对儿童认为安全的空间进行实地调查,找出各个实体空间的安全优势和存在问题,为各种类型的公共空间儿童安全建设提供实例借鉴。在此基础上,提出儿童安全设计的要点。选择的公共空间类型主要有:居住区、公园、广场、街道及小学入口空间。

5.1 儿童安全公共空间设计的启发——基于学校和家以及联结空间的调查研究

5.1.1 居住区

5.1.1.1 居住区公共空间类型

城市住区儿童活动空间往往由建筑布局形式决定,可分为住宅庭院内的游憩空间、住宅组团级的游憩空间、小区级的游憩空间。其各自特点如下。

① 院落空间中的儿童活动空间。院落空间是以围合产生的。通过围合,隔离周围环境,避免外界干扰,人为地创造出良好小环境。这种围合具有内向型的特征,形成人们对院落空间的固有认知,便于院落中居民交往,营造大家庭的氛围。这样的院落有利于儿童在其中自发地组织游戏,它适合各年龄段儿童的活动。

② 宅间的儿童活动空间。住宅群体组合的基本形式有行列式:按一定朝向和间距形成行列的布局形式,我国大部分地区住宅采用该方式;

周边式:住宅沿街坊和院落周边布置,形成围合或部分围合的住宅院落场地,儿童游戏场多采用该方式;点群式:低层独院式住宅形成相对独立的布局形式,围绕某一个公共建筑、活动场地和绿地布置;混合式:一般是上述三种形式的组合方式;自由式:适用于不规则平面外形的住宅区,或住宅不规则地组合在一起的群体布置形式。宅间活动空间是居民每天必经之地,且空间绿地在居民日常生活视野内,儿童在宅间绿地活动,大人们在楼上还能看到他们,家长多选择让儿童在此活动。宅间儿童活动空间缺点是:面积有限,且要考虑较多绿化要求,因此这里适合低年龄的儿童活动,年龄稍大些的儿童往往不会选择在此活动。

③　住区中心儿童活动空间。住宅中心绿地也是住区活动的中心,面向所有居住者,有极大的复合性,儿童是其中的部分使用人群。该空间是所有居民交往的公共空间,容纳人数多,有利于对空间中活动的儿童行为安全进行监督;但是由于许多居民互不相识,对外来陌生人的识别力不高,对外来防卫安全监督性低,因此应加强防卫监管。另外,由于儿童活动具有随意性,其活动在这个功能多样的空间里,可能会与晚饭后神聊的中年人、锻炼身体的老年人发生碰撞和冲突,孩子有时甚至因此遭到责备。因此,此类空间设计时要协调功能分区,减少使用者间的冲突。

5.1.1.2　样本选择

选择南京市南昌路小学学生认为最安全的芦席营小区和鼓楼区第一中心小学学生认为最安全的五台花园作为调查样本。这两个住宅区均较靠近以上两所小学,这与前文研究儿童活动公共空间的心理安全性与儿童对空间的熟知度的呈正相关是一致的。

5.1.1.3　空间基本属性描述

芦席营小区建成于 1992 年,属于较老的居住区,小区主入口和南昌路小学主入口均在芦席营路同侧,相距 100 米左右;小区的建筑布局为行列式,以中层为主,儿童活动空间为宅间式(图 5-1)。

图 5-1　芦席营小区的建筑布局模式（左）和小区宅间空间（右）

　　五台花园建成于 2002 年，其主入口和鼓楼区第一中心小学主入口仅隔宽度为 30 米的城市干道；小区的建筑为中高层，由于建筑间以绿化为主，几乎没有考虑任何儿童活动的空间，小区内靠近马路的一侧有一狭长的中心花园，设有儿童游乐设施，儿童一般集中在此活动（图 5-2）。

图 5-2　五台花园的建筑布局模式和宅间空间

5.1.1.4　儿童活动状况分析

　　① 芦席营小区。小区建筑主入口侧的宅旁空间地面主要以硬质为主，小区内白天经常看到中老年人三五成群在这里交谈聊天；此外，还经常看到居民在宅前进行诸如修理、DIY 等活动，气氛非常温馨。在调查中，户外活动的居民看到我们一行陌生调查人员，即主动向我们发起询问，说明居民彼此之间非常熟悉，邻里关系也很好。宅后多以绿化种植为主，宅后绿地因属于一层住户，所以领域性较强，居民在此的公共活动较少。在小区内宅间的空地上有一块专用的儿童游戏场地

（图 5-3），摆放游戏设施。老年人和儿童对这个场地的使用率较高，离游戏场地不远处的花坛上经常会有老人坐着交谈。由于小区内机动车辆相对较少，孩子们放学后主要在小区内的道路边缘、宅前空地、儿童游戏场活动，其中游戏场内的活动以器械型为主。

图 5-3　芦席营小区儿童活动场地

　　道路边缘和宅前空地内的活动多是由孩子自发。这些活动空间的周边一般会有休憩的老人，儿童的活动也给老人带来观赏点。

　　芦苇营小区虽然年代较久，内部设施和建筑较为陈旧，但其营造的生活环境感觉较为和谐。在孩子下午放学回到小区期间，经常可以听到有孩子在道路呼喊楼上的小朋友下来玩耍；还能看到老人和小孩打招呼的场面，整个小区邻里关系很融洽。

　　② 五台花园。进入小区内部，首先感觉是这里的保安工作很到位，从进门、到拍照、到随意行走，都会有不同保安来询问，几乎每个道路拐角处都有专职保安监护。小区较新，建筑、绿化、各种设施干净度较高。在调查中发现，除了车辆和通行居民，在宅前或道路旁活动的儿童或其他居民几乎没有（图 5-2）。孩子们放学后大都选择在中心花园内活动。中心花园整体地势较平，吸引孩子的主要有三处：水景观赏区、游戏设施区、高差花坛区，居民也多集中在此活动。水

景处主要为流水,水池较浅,安全性较好。但是高差花坛处较低的空间地面铺地过于光滑,年龄较小的孩子因为有家长陪同,不会滑倒,但无家长看护的孩子们常会在自发活动中摔倒,而此处有高差变化,是最吸引孩子们游戏的地方,地面铺装是设计中的疏忽(图5-4)。中心花园四周的建筑主要开窗朝向均不对着花园,且距离较远,楼层较高,对花园内的视线监视较弱;不过有两到三个保安在附近巡视,遇到摔倒的小孩会上前搀扶。

图5-4　五台花园中心花园公共活动场地

整个小区内的邻里关系比起芦席营小区较为淡漠,也许这是许多新近建设小区共同存在的问题:居民较少走出家门进行邻里交往;建筑外空间布满了修建整齐但缺乏人气的绿地,宅间空间不利于人们进行户外交往,高密度的建筑布局往往忽略居民间的户外交往空间;看似很明亮气派的中心花园往往只是出于形式考虑,较少真正考虑到儿童和老人等主要使用人群的行为心理需求,空间设计缺乏趣味性,有的只是器械的堆积和毫无感情的设施摆设。

孩子们认为此居住区是最安全的地方,主要原因有三:

第一,距离学校很近,家的安全让孩子们有心理安全保障。

第二,相对于学校主入口外的城市干道,该小区内部干净整洁,车辆通行较慢,且有安静的小区花园可以玩耍,解除了城市干道快速通行车辆的威胁。行为安全得到保障。

第三,小区内治安较好,专职监视人员工作较为到位,解除了防卫安全担忧。

以上三条原因符合儿童心理公共空间安全结构的结论,也和孩子们心理公共空间安全意象吻合,因此,该小区内的公共空间虽然存在很多需要改进的地方,但其优点值得学习。

5.1.1.5 安全设计分析

由以上分析可以看出,虽然两个小区各自存在缺点,但是能成为孩子们心里最安全公共空间,其原因主要如下。

芦席营小区——温馨的邻里关系。

其体现主要有:①建筑多为四到五层,尺度亲切。②相邻建筑间的活动空地、绿化用地及道路划分明晰,为居民走出室内、进入空间进行自发性的交往提供机会。③建筑和活动空间视线渗透好,能很好地监视空间中活动的儿童。④居民熟悉度高,能互相照看儿童,归属感强。

五台花园——整齐的空间、高度的监视。

其体现主要有:①区内地面整齐干净、清洁度高,光线明亮。②整个小区内的环境较为静谧,舒适度高。③小区内的治安和管理人员配备齐全,且工作到位,监视度高。

5.1.2 小学入口

5.1.2.1 入口空间基本状况

小学入口空间是被忽视的安全空间。调查发现,两所城市的各个小学虽然修建于不同的年代,虽然都遵循修建在居住区内或是与居住区相毗邻的选址原则,也都能满足辐射 500 米的居住区服务半径,但是多数学校的入口空间都非常有限,有的几乎是直接正对着城市主车道,且其主入口外多为一条道路,基本没有集散空间。这是家长们最担心车辆给孩子造成不安全的原因之所在。

表 5-1　小学主入口空间模式调查表

学校	主入口与外围空间平面关系示意图	学校主入口、学校布局及周边环境布局关系（字母表示主要出入口）	实景照片
南京市莫愁新寓小学	中高层居住区　城市次干道　学校主入口	小学操场	小学入口
南京市鼓楼区第一中心小学	高层住宅楼　城市主干道　学校主入口（此图表达 A 处入口）		小学入口
南京市渊声巷小学	城市支路　一层为商铺的低层住宅楼　学校主入口		小学入口
南京市山西路小学	铁栅栏　高层商业用楼　高楼间通道　学校主入口		小学入口

（续表）

学校	主入口与外围空间平面关系示意图	学校主入口、学校布局及周边环境布局关系（字母表示主要出入口）	实景照片
南京市南昌路小学			
南京市察哈尔路小学			
襄阳市荆州街小学			
襄阳市人民路小学			

图片来源：南京市地图网 http://map.nj.bendibao.com，百度地图网 http://map.baidu.com

由表5-1可看出,小学主入口多和城市支路或城市干道的人行道直接连接,且多数未设置集散空间。学校的入口大门和衔接的道路边缘重合,从学校大门出来之后除道路外均无其他较为宽阔的公共活动空间,通常为两面以墙面实体或各色商铺为界面的线状空间形式。少数学校如渊声巷小学和荆州街小学的主入口形成内凹的过渡空间,这样的缓冲空间利于放学后的大量人流安全疏散,降低了车辆带来的危险系数。我们正处在高密度化的城市发展阶段,因为用地太紧张,为了使学校门前的马路便于车辆通行,不惜最小化小学出入口空间。每逢放学时刻,各种接送车辆和家长们夹杂着马路上的行人和车辆一起拥堵在学校门口,这种现象成了我们城市中常见的风景(图5-5、5-6)。虽然我们一直强调"儿童友好型的城市发展",但实际的建设细节太容易证明:城市对处在弱势群体的儿童大众的关怀并不显见。

图5-5　人民路小学门口等候放学的家长们

5.1.2.2　入口空间安全隐患分析

① 由于居住区的部分道路等级只适合非机动车行和人行,或机动车单行,学校上学、放学时在门口等待的家长与道路中密集的车流、人流相混杂,必然给临近道路带来沉重的压力,造成交通堵塞。

② 学校及其周围的场地是儿童心理安全公共空间的核心之一,其主入口缺乏足够的集散和过渡空间,导致人车混行(图5-7),给儿童的安全

图 5-6　荆州街小学门口放学时的状况

行走和活动带来潜在交通安全隐患。

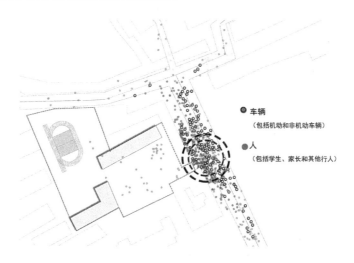

●　车辆
（包括机动和非机动车辆）

●　人
（包括学生、家长和其他行人）

图 5-7　人民路小学放学后人车混行分析图

③ 与主入口衔接的过渡空间缺乏,会导致儿童分散到入口附近的其他多个地方活动,加大了儿童户外活动自然监督的难度,增加了不安全事件发生的概率。

④ 此外,各种人群的拥堵,给有犯罪动机的人制造了实施犯罪的机会。

5.1.2.3 改善策略及建议

① 制定相关空间规划设计的规范。完善对相关建筑及其外围空间设计的规范要求,包括主入口的外围空间面积,按照每所学校的人流量设计合理的出入口集散空间,缓解交通带来的压力。必要时,城市建设中重点考虑学校建设,进行道路或者其他公共空间的退让处理。

② 在学校主要出入口处设计供小学生放学后自由户外活动的公共空间。除了家附近孩子们偏好的户外活动公共空间,和学校入口相连接的户外活动空间是儿童选择的第二个安全核心,增加入口的公共活动空间,容纳学生放学后的活动,既有利于入口集散,也有利于对儿童的活动进行安全监督和管理。

5.1.3 从学校到居住区的联系通道

前文已经进行过设想,如果存在从学校到居住区的无车步行通道,那么儿童在通勤路上所遇到的车辆、犯罪等威胁将会大大减少。实际上,我们的城市存在这样的通道,但在实际空间中会遭遇其他不安全因素。

选择的调查案例位于襄阳市樊城区人民路小学 300 米左右范围内的一段连续的路径,此路径一端连接人民路小学,然后经过人民路人行道、一建道子,最后经由各条巷子通往各个居住小区,居住小区密度较大。通过对小学生的上下学观察和访问,得知这里的儿童多数都就读于人民路小学。该路径从人民路小学开始,到各个居住小区的主要道路分析如下(表 5-2)。

表 5-2 人民路小学到居住区连接路径主要路段分析表

路段	剖面示意或注	实体形态
起始路段1:人民路小学所在的人民路	高层　人民路小学大门口	

路段	剖面示意或注	实体形态
路段 2：连接一建道子与人民路的道路，直角连接		
路段 3：一建道子 2 号小巷		
路段 4：一建道子 7 号小区内道路		

　　分析表 5-2 可以发现，在整个联通路径中，路段 2 上一侧已经停满了汽车，原有的步行空间被机动车明显压缩，车辆成为了儿童放学步行回家的不安全威胁要素；路段 3 上的建筑随意搭建，密度极高，没有任何凹进空间，导致光线偏暗，空间色彩不明快，且有的住户门直接朝向巷子，存在潜在威胁因素；路段 3 和路段 4 较为狭窄，高宽比例在 5∶1 到 2.5∶1 之间，相对于儿童身高，空间局促狭隘，不利于大量人流通行；路段 4 虽然狭窄，但是整条道路处于各家各户能够监视的范围内，视线能及时渗透，监督力强。整个连接路径除了人民路人行道一侧的商铺门口聚

集了购物的儿童,其他的几乎只有通行的功能,偶尔有孩子们追打嬉戏,没有其他可以吸引他们驻足观察或者玩耍的设施或者空间。灰色是这条路径的主色调,这也就不难理解孩子们为什么一放学就直接奔向家里了。

但是,儿童及家长反映这里较为安全,很多人都是多年老邻居,很多孩子都是自己独自上学放学。如果将这段路径的停放车辆进行转移,那么车辆的威胁将会大大降低。

车位紧张是很多城市老城区居住区面临的难题,城市建设应该采用积极应对政策,比如就近另辟新的停车空间、采用立体停车、开采地下空间等,当然在城市土地价值飙升的今天,让所有的建设都以儿童为中心,这确实需要时间。

由该样本调研可知,安全的连接空间应具有以下特征:

① 和谐的邻里关系。不论居住建筑如何陈旧、通行路径如何乏味,如果对这里居住的人熟悉,而且能互相照应,那么儿童就认为是安全的。

② 自然监管。通行路径若能处在建筑内部所有住户的视线之内,则人为自然监管力会相应提升,不安全事件发生的概率也会相应降低。

③ 离家近。离家的近距离和家的熟悉感保障了儿童心理安全需求。这和第三章中的研究结果是一致的。这是儿童认同感和归属感的心理反应。

5.1.4 其他公共空间

在南京鼓楼区的问卷调查过程中,各个小学除了对家及附近场地的各项偏好较为明显外,国防园是学生安全偏好最高的地方之一,因此对其进行实地调研,研究其他获得儿童心理安全认可的设计要点。

南京国防园始建于 1992 年 8 月,总占地 300 亩,是南京市著名的国防教育和爱国主义教育场所。在调查中发现,这里周末和节假日人流较多,尤其是进入主入口后的缓坡草坪、林下空间、参观教育基地和儿童游乐场地。

由图 5-8 可以看出,国防园入口虽然留有一定的缓冲空间,但是各种车辆和人群密度还是比较大。在第三章中已经得出结论,儿童认为最大的不安全因素就是车辆,而国防园又是儿童安全偏好度较高的选项,两者之间似乎存在一些矛盾。

主入口　　　　　　　　　入口一侧　　　　　　　　　入口另一侧

图5-8　国防园主入口及周围道路交通状况

图5-9为由主入口道路进入100米左右即可到达的缓坡草坪,在阳光充足的下午,整个草坡均在阳光照射下,光线极其明媚,使用人群很多,其年龄组成从婴儿到老人各个年龄阶段的均有。儿童在其中进行的活动有:翻滚、追逐、打羽毛球、跳舞、舞弄玩具、放风筝、向天空释放飞行玩具、休息、玩老鹰捉小鸡,气氛十分友善温馨。由于缓坡铺设草坪,场地未发现能对儿童造成伤害的要素。缓坡的坡度也适合坐、躺、站、爬、滚等各种人体姿势。

图5-9　人群高度聚集的缓坡草坪

缓坡草坪、儿童游乐场地、林下空间及附属草地间三片区域(图5-10)通过道路划分空间,各个空间范围清晰,满足了不同人群的需求,更为儿

童提供了自由玩耍和器械玩耍的场地和机会,其氛围和谐安全,满足了
儿童心理安全需求层次;场地自身及器械设施不会造成儿童意外伤害,
满足了儿童行为安全需求层次;由于各个空间视线互相渗透,活动的
人多,且多有家人或伙伴陪同,对人为犯罪起到了很好的监督作用,
满足了儿童防卫安全需求层次。国防园内还设有国防教育馆、军兵
种馆、英模馆、国防科技馆、重兵器场、模拟演练场和军体娱乐园等,
为儿童提供了多种活动的方式,且各个活动区域的相邻空间均有视
线渗透(图 5-11)。

从缓坡草坪看到儿童游乐场　　　　　　从林下空间附属草地看去

林下空间附属的草地

图 5-10　缓坡草地、儿童游乐场地、林下空间及附属草地间的视线渗透

图 5-11 从儿童水上乐园看儿童活动场地

由以上分析不难看出,虽然国防园入口处车辆较多,交通较为拥挤,但是依然是孩子们安全偏好的选择,这与其内部空间的以下几点良好设计有关。

① 内部空间的边界划分清晰。

② 不同空间承载不同活动,考虑到各个年龄人群活动需求,活动功能多样化。

③ 空间之间有视线互相渗透,既能提供远距离观赏活动的场地,又能互相监督,空间之间的安全防卫性能好。

④ 以活动的多样性激发人群的活动需求,创造良好的活动氛围和场所友好氛围。

但是国防园入口处的交通有待改善,现有的入口缓冲空间缺乏停车场,大量汽车、自行车停放在入口,造成拥挤和堵塞,对儿童安全有潜在威胁。

5.2 儿童安全活动设计的启发——基于传统社区和现代小区的比较性研究

居住地是儿童安全核心空间所在区域,是儿童活动最直接和最频繁的场所。传统城市多以街巷、院落为主,建筑密度低,但建筑层数和面积相对要小。在以市场为导向的城市规划高速发展模式下,这些传统的居住环境形式和文化氛围正在逐步消失,取而代之的是相似度非常高的现代化居住区。这些是城区空间和历史延续性的空间证明,更是延续世代居住其中的人们想象里的可持续城市形态,我国很多城市中心依然留存许多这种传统居住空间类型。如今,生活在其中的儿童活动现状又是如何的呢,本研究试图从中探寻规律,找到儿童安全活动设计的启发。

5.2.1 陈老巷——现代都市的里弄天地

5.2.1.1 历史背景

襄阳市樊城区临近汉江的位置有一条巷子叫做陈老巷。史料记载,陈老巷长 200 多米,宽 3 米多,街道为青石板铺就,两边房屋多是砖木结构的旧式民房与铺板门面,早在民国年间就与汉口花楼街相媲美。巷子南起中山前街(今汉江大道中段),北止磁器街,是襄阳近代百年来最热闹旺盛的街巷之一。巷子里有着经营梳子、篦子、棉花、手工制帽业、制线业、白铁手工业、香烛、鞋等的店铺。历史上的陈老巷自明清时期便生意兴隆、人流不断。巷子虽然貌不惊人,但其大名远扬,巷内流金。

5.2.1.2 建筑形态

陈老巷是老樊城历史上九街十八巷中的一员,也是古城区区域内至今唯一保留下来的古巷子,具有我国古城典型的街巷肌理形态。两边的建筑多为砖木结构,建筑的主要入口都朝向街道。整个巷子内部阳光充足,但由于周围的建筑过度拥挤,两侧建筑室内的自然采光较差。

5.2.1.3 人群活动

① 老人活动。在一天内的任何时段,只要天气允许,都能看到坐在巷子自家门口的老人们,他们有的晒太阳、有的发呆、有的观看行人、有的聊天(图 5-12、5-13)。从车水马龙的大道转入由牌坊导入的街巷,和谐相处的低层建筑相互簇拥在两边,这具有宜人尺度的巷子,伴随老人们的面容,一幅适合慢行的街巷空间顿时在眼前铺开来。

图 5-12　陈老巷中晒太阳的老人
（图片来源：http://blog.sina.com.cn/s/blog_
4d7cd4ce0102eb0v.html）

图 5-13　陈老巷中观注行人的老人
（图片来源：http://blog.sina.com.cn/s/blog_
4d7cd4ce0102eb0v.html）

　　② 邻里互动。居住在这里的人们经常会站在门口三五成群聊天，或者在自家门口看着过往的孩子们，或者聚集在巷子较为宽敞处一起打牌（图 5-14），而旁边也会不断有从家里走出来观看的居民。孩子们会时不时在街巷中奔跑，在阳光下追逐嬉戏。因为没有汽车的鸣笛，这里显得格外安静舒适，偶尔的自行车铃声和摩托车的嗡嗡声也丝毫没有破坏这份闹市中的宁静之美。

图 5-14 陈老巷中聚集在一起的居民
（图片来源：www.blog/sina.com.cn/laoxu6688）

③ 儿童活动。儿童在这里应该是最欢乐的，没有汽车，在巷子里即使奔跑很远也能在父母和邻居的实时监视下，时不时还有街坊邻居与孩子互相逗乐。在这里活动的儿童涵盖了全部的年龄范围，有独自一个人蹦蹦跳跳玩耍的、有骑自行车的、有玩滑板的、有在地上打弹珠的、有三五成群结伴放学回家的……几乎都看不到大人尾随其后（图 5-15）。他们或是在此居住，或是从此经过，或是到小伙伴家里做客。在周末或放学时，只要是晴好天气，银铃般的笑声和叫喊声就会响彻整个巷子，真正让人忘却了都市的喧闹。

我们看到一个玩滑板车的小男孩 A 从其中经过，此时，有在自家门口观看的男孩 B 和正在家门口不远地方玩滑板车的男孩 C，当男孩 A 逐渐靠近时，引起了男孩 B 的注意，这时男孩 B 对男孩 C 说："快还给我"，然后将男孩 C 手中的滑板车拿回，转身迅速地滑向男孩 A，这时男孩 C 一边追一边喊着："等等我！"等到男孩 B 和男孩 C 都追上男孩 A 后，他们都停了下来，开始交流各自的滑板车并相互展示，之后三个小朋友在一起玩起了滑板车比赛的游戏，引起了路过的小朋友驻足观看。最后因为男孩 A 的家长带其回家，这个集体活动才终止。这是一幅很有意思的画面，孩子们的活动从进入—观看—追逐—互动—交往，从个体到集体，从陌生到熟悉，产生了各种形式的游戏方式。整个活动场景完全属于自发，在没有任何成人的组织下，一个促进交往的集体活动就这样发生了；

图 5-15　陈老巷中玩耍的儿童们

若不是成人干预,活动的时间延续性也非常好(图 5-16)。

在这个传统的巷子里,人们的活动自发性较高,各个年龄群体都能找到活动的方式。因为都住在一楼,进出巷子非常方便,邻里间的熟悉度较高;因为无车化的步行空间和邻里之间的互相照看,孩子们在这里能无拘无束地尽情玩耍,这种玩耍不需要设定就能激发孩子们的交往欲望。这样的空间,满眼都充盈着重要的历史文化符号,孩子们在安全地玩耍,无形中就接受了文化的熏陶。这样的空间对于城市里的儿童,实属珍宝。

5.2.1.4　老城空间价值和发展的重新审视

老城空间生活的画面是美好的,但是当和居民进行交谈时了解到,这里的常住居民已经越来越少了,主要原因有:①周边的高楼和居民的乱拆乱建对光线遮挡,建筑内部的采光条件比较差。②居住面积偏小,满足不了一家人的生活空间需求,因而搬到更宽敞的居住区。在这里常

图 5-16　陈老巷中孩子自发的交往活动

住的老人比较多,年轻一代越来越少。③地段处在经济发达区域,加上政府对该地段的重视,越来越多的商家开始入住经营,房屋出租会带来较高的收益。诚如居民所说,巷子端头有四五家经营咖啡、酒吧或者书画装裱的商家已经将老房装饰一新,巷子里原有的许多让人感到亲切温馨的生活画面或文化传统在逐渐失落。

　　是的,我们早知道丽江的古街,也熟知成都的宽窄巷子,更去过南京的老门东,但是当越来越多的城市古巷都成为容纳各种旅馆、咖啡、私家菜馆和手工精品店时,我们是不是应该慢下来想一想,是不是所有的历史街巷都要有同样的精品商业内在? 古巷子的生活和依然营业的传统手工艺是不是就应该从城市的面容中慢慢抹去呢? 如果说前者是阳春白雪,后者是下里巴人,那么为了孩子们的珍宝,历史街巷应该成为阳春白雪和下里巴人的共享体,而占主角的,应该是对居民既有生活状态的最大化尊重和改善。

　　城市始于聚落,不同的聚落有着不同的传统和习俗。老城区里居住的多是多年住户,世世代代在这里生活,延续着该地区传统的生活方式和交往模式;有些还传承了其他区域所没有的特色手工艺、语言习惯和生活习俗,这些是城市的非物质文化财富,是城市对外宣传的无形资本,是城市映像的文化根基,应该在城市更新前加以合适的保护,延长其永久的生命力。

拥有老城,是一座城市的福气,我们不能因为发展速度和经济的需要就忽视其潜在的历史文化价值。关注老城区,关注老城区积淀下来的多样性,才能重拾真实生活环境的历史感,追随真正的城市灵魂。完全删除,或者只保护重要文物,其他全部推倒重建或者完全商业化,这些保护形态最终会导致城市的下一轮老化。这种老化,来得更快且伤害更大,无法修复。应对这种远虑,我们需要寻找一种能持久的方法,从意识和概念上真正认真贯彻起来。其实,以儿童的生活为主,兼顾文化遗产的动态保存,是不是也是一种更美好城市的实施方式呢?

5.2.2　家属院——安全的儿童乐园

相对于现代居住区,家属院是另外一种传统的居住模式。家属院里通常没有太多的绿化和可供活动的公共空间,甚至连游戏设施都没有,这里的孩子日常的活动方式又是怎样的?我们选择了湖北省襄阳市樊城区的一个建于20世纪90年代的老油厂家属院进行调查。该油厂创建之初的生产能力在整个地区较为知名,院子里的多数居民在企业倒闭以前都在同一个单位上班,一直居住在这里至今,邻里关系比较融洽,家家户户基本都能互相认识。该院的儿童年龄涵盖范围很广,年龄相仿的大多是同学、是伙伴,因此,虽然院子里几乎没有任何正式的玩乐设施,但是年龄相仿的孩子们会呼朋引伴一起玩耍。小区里的公共空间地面最多的就是水泥铺装,但是经常被汽车停放占去,只有一个小院落因为汽

图 5-17　家属院落儿童的活动场景

车无法进入而成为孩子们的玩乐天地(图 5-17)。

这个小院里的地面由水泥地、沙地、裸露土壤和表皮长满青苔的草地组成。在一块青石板周围常年长满野生的蒲公英,经常会有蝴蝶、蜜蜂等在这片小花丛中飞舞。周围的建筑形成三面围合的凹式空间,且主要门窗的位置均朝向该空间,渗透性较好(图 5-18)。

图 5-18　院落空间基本要素分析图

没有玩具,孩子们会围在堆有废弃砖块的沙地上挖沙、"寻宝";或者三五成群地追逐嬉戏;或者跳绳、踢球、玩滑板车;有的孩子会从家拿来包装泡沫塑料盒悬挂起来当做投掷框用,引来其他小朋友一起投掷(图 5-18 中第三幅);没有球筐,大点的孩子会在墙面上用粉笔画出圆形区域进行投掷。天气好的时候,看见飞舞的蝴蝶,会有孩子拿网兜来扑;蒲公英的种子长出来后,从各层跑出来的孩子们会摘下蒲公英并将其吹散。下雨的时候,由于整个场地有高低起伏,雨水汇集在一起,顺着较低的地面一直流向下水道中,孩子们会撑着雨伞观察小水流。孩子们玩耍的时候,家长们基本不用尾随,因为整个小院呈三面围合状,两个主要的出入口经常聚集着闲聊的人们。孩子们经常玩儿得忘了回家,只有在听到楼上的父母扯着喉咙呼唤"回家吃饭了",才会依依不舍地散开回家。

这样一个没有任何正式设施的场地,因为具有围合的看护功能和少量自然要素,便成为居住在这里的孩子们的乐园。由此可见,居住区的邻里融洽氛围是孩子安全活动的根本设计。和前文提到的陈老巷社区类似,这样的空间建筑的主要开口都是朝向活动场地,能最直接地从室内监视儿童,也能吸引其他在室内的儿童加入游戏;其次,这里的人们邻里关系非常和谐,住户之间都比较熟悉,对玩耍的孩子能主动担当看护的责任,保证了活动的安全。此外,由于孩子之间的熟知,非常利于开展集体游戏,而集体游戏的环境有助于延长活动的时间。空间中自然要素的引入,能让儿童直接对其观察、近距离接触,大大提升活动空间的趣味性,这和前文论述儿童爱好自然的活动天性是一致的。

5.2.3　传统社区对现代小区的安全设计启发

现代居住区具备较为整洁的环境、大面积的绿地和完备的设施,这是传统社区所不能比拟的,但是在营建安全的儿童活动空间方面,除了本书第三章中讨论的要点,现代居住区可从传统社区获得以下几点的启发。

① 无车化的活动空间。这一点非常重要。居住区在建设之初就应该考虑人车分离,除满足消防要求外,其他的靠近主要单元和建筑主要出入口的道路都应该禁止车辆自由通行。车行道路应该沿着住宅外围布置,最大化不干扰内部的活动空间。

② 宜人的尺度与围合。为了兼顾经济利益和指标规范,现代居住区规模往往偏大,十来栋建筑成为一个组团已是常态,这样的围合,尺度太大,即使公共活动空间没有车辆,也不利于建筑内部对外部的监视。这样的尺度,因为容纳了太多的住户(尤其是高层),给儿童之间的熟知带来了一定难度。如果每个组团能保证在1~3栋建筑间内向围合,形成类似上文提到的家属院中的"凹"形空间,对住户交往来说就显得十分宜人。这样的围合以促进邻里关系的认知和交往为指标,而非以规范的面积区分规模。

③ 必要的人文要素。前文研究已经反复提到,对孩子的文化熏陶应

该无处不在,反映在建筑形式、空间要素、自然要素、标识设施、住区内固定的集体活动等各方面。

④ 建筑的朝向和空间视线的渗透。现代居住区基本呈单元式布置,从一个单元入口进入公共部分,各个住户的主要门窗往往以朝向为主要参考价值进行设计,很难确保围合起来供孩子们活动的空间能最大化地被室内监视。因此,建筑的居住形式需要改革,应基于以下几点。

• 所有的住户至少拥有一个主要空间能和围合空间进行视线无障碍沟通;

• 板楼可以横向发展,减少竖向高度,增加横向长度,形成街道式围合空间;

• 围合空间内适当降低常绿植物的使用,利于视线渗透;

• 院落不仅仅存在一层空间,可竖向发展,在竖向上形成不同的儿童空间互动节点;

• 增加建筑处于一层的住户数,并且每户的开门朝向围合而成的空间。

⑤ 设施与参与度。传统社区里,儿童在有限的空间、材料的限制下,能挖掘出最丰富的游戏内容。现代居住区有相当齐全的设施——凉亭、沙地、草地、水池、路灯、儿童游戏器械,但是各种设施的平铺直叙或者堆砌都不能吸引儿童,反而会限制儿童的自由玩耍,只有具有一定的空间组织和启发性设计的设施才能有效吸引儿童。除此之外,可以预留弹性空间(比如一大片野花丛生地,或者堆放很多石头及安全的废旧材料的场地),类似传统居住区中无意间保留下来的自然要素(比如生长的花草、可自由堆砌和挖掘的沙地、可以形成雨水自然下渗和汇集的地面),提供孩子们参与并发明玩乐方式的可能性。这些设施和弹性空间的分布和被建筑围合起来的空间是一致的,它们以建筑为围合限定,而不是道路。

5.3　主体安全设计

指以儿童为活动主体所涉及的各种安全设计要点。

5.3.1 儿童心理安全设计

儿童心理安全是指根据环境应激理论,儿童通过对环境刺激的认识形成对所在空间的判断,并在这个认知过程形成对环境是否具有威胁和不安全的判断。通过本书第三章的研究可知,儿童从空间界定、空间物理属性、空间场所特性和空间可达性四个层面对空间产生心理印象,主要包含六个意向要素:通透的围合、熟悉的标识、整齐的地面、安全的设施、友善的氛围、易达的空间。因此,公共空间设计首先要符合这"四个层面六个要素"的外在特征,才能让儿童内心产生活动安全的意象。

5.3.2 儿童活动安全设计

活动安全是指儿童在从事各种活动所接触到的设施、植物、铺装、水体等要素安全,还包括材料环保、接触面不会带来潜在的危险等。儿童活动安全设计要点主要包括以下几点。

5.3.2.1 地面安全设计

3~12 岁的儿童由于跌落在硬质地面上很容易导致重伤,因此地面的柔软性和合适铺装材料的选择非常重要。设计中要做到适地适料,主要材料适用区域见表 5-3。

表 5-3 地面材料的选择和使用

材料名称	主要使用区域	注意事项
沥青类的硬质材料、混凝土路面	居住区的主要道路	考虑强光下产生的眩光对儿童视力的影响
裸土或沙地	游戏场地	行走不稳定性
石材类、透水砖类	步行和活动场地	防滑、少接缝,不宜儿童滑板车行走
保护性的地面(如沙子、树皮屑、橡胶垫)	活动设施	沙子颗粒要细,树皮要大块儿,防止太硬划伤儿童。
柔性材料(如草皮、塑胶等)	斜坡、活动场地	和周围的铺面材料要衔接紧密,往往高于周围地面

对于运用于不同儿童活动空间的材料,要注意厚度的选择。科学的铺设厚度是根据游戏项目的最大下落高度推算出来的,再综合各种材料的特性而选择。因此儿童公共空间设计师应该在设计方案阶段充分咨询材料和器械供应商,要求提供材料和儿童玩耍器械的各项数据,再据此进行细部设计。此外,游戏器械下部一定下落区内,即器械周边向外1.8米的区域内,必须铺设缓冲撞击的面材,粗细适宜的沙子是最好的选择;而硬质铺面危险性较大,必须避免。

5.3.2.2　活动设施安全设计

游戏器械应尽量选用如木材、塑料、麻绳等质地较为柔软的自然材料制品,这些材料的温度适中,在不同季节都具有范围广泛的触摸刺激和感官亲和体验,从而吸引儿童使用。木头部件应该光滑,并且没有裂纹。此外,游戏器械的每一处,无论是金属还是木头材质,边角都应磨圆或者圆角包边,不能存在锋利的边缘和锐角的凸出。对于开空洞的设施,为减少儿童被夹伤的危险,空洞尺寸一定要符合儿童尺度,并且使用比较光滑的材料,避免活动时发生危险。

器械摆放的位置要考虑太阳的位置,避免阳光直射伤害儿童的眼睛。

对于滑梯类的设计,滑梯深度尽量深,避免儿童下滑时出现飞出去的危险,金属制的滑梯表面和平台面要注意避免太阳直晒,可面向太阳照射较弱的北方或者置于大型乔木之下。

所有材料都要考虑日光的暴晒带来的影响,严格选用不含重金属等的安全环保无毒的材料,避免有毒物质在长期触摸器械的过程中进入儿童体内。

此外,所有器械的承载力要在强度、弹力、抗冲击力和耐磨损力等各项力学指标方面达到规范。

5.3.2.3　活动项目尺度安全设计

这里主要指处于同一场地的活动项目之间的距离要足够,即单个项目的活动要考虑到儿童活动达到的最大水平长度和竖向高度,避免对相邻的游戏产生干扰或者对经过的人群造成伤害。图 5-19 所示的荡秋千,四周预留的空间太狭窄,荡秋千的孩子稍微一使劲,就可能会伤到正在行走的其他儿童。

**图 5-19　不适宜的尺度下,儿童在荡秋千时
容易碰撞行走的人群**

一般移动中的儿童会被 45 度角之内和低于 2 米高度的绳索、金属线和悬挂缆绳击中,如果悬挂物体量重或也在移动中,受伤的程度会随之增大。设计时要计算好此类活动应预留的足够活动空间。

对于秋千前后,减震材料的延伸距离应该等于悬挂横梁高度的两倍。秋千座椅要用柔软易弯曲材质,令游戏儿童有舒适感。婴儿秋千需要设置安全带。秋千把手,2～5 岁的儿童,把手直径在 2.5 厘米;5 岁以上儿童,把手直径 2.5～4 厘米。

5.3.2.4　景观要素安全设计

① 植物。多刺、汁液有毒的植物不能栽植在儿童活动区。此外,植物设计应注意某些植物花粉的致敏性因空气传播或因触摸给儿童带来的不安全。在我国根据花粉的采获情况,将花粉致敏植物的盛花时期分为三个峰期。第一个峰期在春季,以乔木开花为主,包括松科(*Pinaceae*)、柏科(*Cupressaceae*)及桑科(*Moraceae*)等。第二个峰期在夏季,此时乔木和草本的花粉均有发现。第三个峰期在秋季,以 8～9 月为最高峰,此时以致敏性强的草本植物开花较多,包括蒿属(*Artemisia*)、葎草属(*Humulus*)、豚草属

(*Ambrosia*)以及蓼科(*Polygonaceae*)、苋科(*Amaranthaceae*)等,此时对于致敏性强的植物花粉,干燥的天气利于其传播,因此秋季为我国大部分地区全年中花粉过敏症发病的旺季,北方尤为突出。在霜降之后,花粉致敏植物的花趋于枯萎,空气中的花粉数量也达到全年最低值(中国气传致敏花粉调查领导小组,1991)。因此设计儿童公共活动空间的植物景观时,要精心选择,并进行安全性分析。

② 水体。人类天生具有亲水性,儿童更是如此,再小的水体也会吸引他们的兴趣。在游憩场所设计水体时,不可忽略其可能的危险隐患,应对不利因素加以控制,如水体污染变质、滋生传染病源害虫(如蚊子)等。从安全因素考虑,一般近岸处较浅,以 15～30 厘米为宜;水池的深度不应超过 50 厘米;水深超过 40 厘米时需要设计矮墙或护栏。景观水系照明的电线不能裸露,以免儿童碰触发生危险。

③ 高差设计。儿童空间中往往采用坡道、微地形和台阶等进行高差消化。设计中应考虑到儿童活动尺度。道路最大纵坡不应大于 8%;园路纵坡不应大于 4%;自行车专用道路最大纵坡控制在 5% 以内;轮椅坡道一般为 6%;最大不超过 8.5%,并采用防滑路面;人行道纵坡不宜大于2.5%。

园路、人行道坡道宽一般为 1.2 米;考虑到轮椅的通行,也可设定为1.5 米以上,有轮椅交错的地方其宽度应达到 1.8 米。室外踏步高度设计为 12～16 厘米,踏步宽度 30～35 厘米。平台和坡道排水良好,避免吸水和湿滑材料。

④ 其他。诸如座椅、路灯、小品等景观设施要保证没有锋利的边缘,木质材料的边缘需经过打磨或呈圆形。垃圾箱旁要有 75 厘米×25 厘米的空间,便于轮椅靠近。垃圾箱开口应距离地面 25～90 厘米,以考虑儿童身高和卫生投放高度。

5.3.3 儿童导视安全设计

儿童导视安全设计包括指示和引导要素的安全性。引导儿童通向活动区域的导视要易读、清晰,并用儿童容易识别的文字、符号或者形式。本书第四章讨论了从文字、图形、色彩等设计要素,结合儿童身体和心理需求进行标识系统的设计。导视的安全设计还包括使用材料的环保和内容的明确性,此外要考虑残疾儿童的导视使用和对其的心理保护。其中,内容的指示明确性非常重要,它能提醒儿童快速辨认方向和目的地;对于必须警示的地方,需要以儿童的视角采用较容易理解的图形或者符号,标志要放在比较显眼的地方。

5.4　客体安全设计

儿童是场地中活动的主体。对活动中的儿童行使看管、监护、犯罪防范等的行为设计,和引导儿童进入活动主体空间的设计,构成儿童公共空间客体安全设计的两大内容。

5.4.1　看护安全设计

看护安全包括:成人对活动空间内儿童的直接和间接监管及守望;所处的区域社会机制良性运行和协调发展;能直接防卫犯罪活动等对儿童造成的伤害或攻击。看护安全设计主要指利于看护的空间设计,基于前文的研究基础,看护安全设计可以通过以下方式。

5.4.1.1　儿童公共活动空间兼顾看护要素设计

主要指为陪伴儿童的家长设计可以舒适停留的要素和空间。包括可坐、可站立依靠、可和儿童一起行走的空间。儿童公共活动空间中休憩座椅的设置非常重要,座位要尽量靠近低龄儿童的活动区域。此外要保证看护视线的畅通无阻,这就要求游戏设施周围要留有供成人可以站立倚靠的空间。

5.4.1.2　建筑物与公共空间良好的互动关系设计

建筑物和公共空间应该是相互依存,并且在视线和界面围合上相得益彰。城市建筑从公共性上大致可分三类:一种类型是构成城市的公共空间性,第二种体现为街区内部空间的半公共性,第三种类型包括街巷、庭院和住区内的生活区域,主要体现为私密性空间。每栋建筑物均应有自身特点,与之相邻的建筑物和花园也应具有相似类型,也就是具有共同特点,既能构成赏心悦目的独特景观,也利于儿童辨识并产生较高的归属感。建筑物能成为多数公共空间的物理围合,城市的历史文化延续性也能通过建筑物来体现,从而对在公共空间中活动的儿童形成潜移默化的文化熏陶,提高空间品质。

参考传统住区,居住区内用于围合公共空间的建筑主要的门窗应该朝向围合的公共空间,目的是保证建筑内部的家长能监视到空间中活动的儿童。要实现这种看护设计,建筑实体和空间虚体应具有良好的比例尺度和围合形态。基于前文的调查研究,我们可以归纳出适合儿童活动和监视的居住区建筑和公共空间围合方式,基本有"U"形围合、"L"形围合、"一"形围合和街道型围合(图 5-20)。建筑高度和围合空间宽度在1∶1的围合感最强。人在环视周围具有比较清晰的视线是 20～25 米的范围,以此推断,建筑的高度在六七层以下时能形成比较舒服的邻里氛围,过高的建筑即使围合再紧密,也难以对楼下活动空间进行直接监视。可以对高层建筑进行改良设计,比如充分利用各层屋顶进行空中游乐空间设计(图 5-21)。

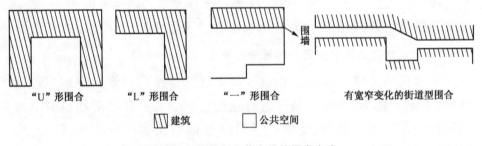

"U"形围合　　　　"L"形围合　　　　"一"形围合　　　有宽窄变化的街道型围合

围墙

▨ 建筑　　　　□ 公共空间

图 5-20　建筑和公共空间的围合方式

总之,公共空间若能不仅仅以经济技术指标进行实体建筑空间和虚体公共空间规划设计,还能兼顾整个环境对儿童的安全看护,并以此进行各项设计方案的考证和验证,那么这样的城市空间就非常利于建立良好的邻里关系,进而实现对公共空间内活动的儿童安全监督,提高对儿童安全的社会监督力。

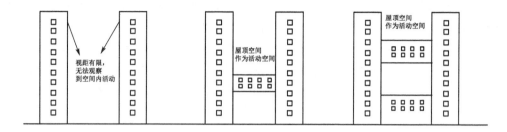

图5-21　建筑和空间的视线渗透围合

5.4.1.3　视线通透的植物景观设计

儿童活动区内选用安全的植物,进行视线较为通透的景观设计。植物种植密度和层次不宜过大、过于丰富,因为围合过于密闭的消极空间容易使儿童产生惧怕感,而且容易给犯罪分子提供作案空间;而明亮开敞的植物景观能吸引儿童进入探索,家长和其他监管也较易实现。

除以上设计要素,还要加强对儿童活动空间的日常维护管理,包括地面、器械及小品、植物、水体等各空间要素的日常维护。

5.4.2　可达性安全设计

可达性安全设计指到达活动空间的路径要直观、安全,满足儿童的通行习惯和需求;要考虑到人与车之间的交通安全性、步行环境的安全性;避免周边环境的安全隐患(如坠落、崩塌物等)。提高城市儿童公共空间的可达性,主要从公共空间的整体设计着手。

5.4.2.1　加大儿童公共空间的分布密度

学龄儿童到达空间步行距离一般为300～400米;10～12岁以上儿童可以借助自行车、滑板车等工具达到较远的距离,以800～1 000米为宜。因此,可按照不同的儿童年龄段,对城市儿童公共空间进行相应距离的等级划分,以儿童居住建筑为中心,分别以0～50米,100～400米,500～1 000米的活动半径,高密度分布儿童活动公共空间。

5.4.2.2　改善城市中的儿童步行交通环境

对现代主义的过分倚重破坏了建筑与街道之间的根本联系,公路取代街道,割裂了人、街道和家庭之间在空间角度的根本纽带。因为汽车的普及,现代城市中的多数设计都着眼于汽车,相应地,人群开始为了车的移动而各种躲避,儿童更是如此。显然汽车的移动对步行街道构成威胁。从前的人们生活在人性化的城市——街道纵横,人们自由穿行在街道到达各个公共空间,儿童在街巷胡同里尽情穿梭和玩耍。但是现在最为密集的通行多集中在公路体系上,城市中心缓慢的步行生活空间开始逐渐被抛弃和遗忘,即使被留下的也已经成了仅供城市形象展示的商业空间,居民从此进入高楼,街巷和无车的社区空间已经成为 20 世纪 80 年代及以前出生的人群的记忆。城市规模的扩大导致城市生活越来越依赖车辆交通。家长普遍认为汽车对儿童造成十分严重的威胁,城市儿童步行进入公共活动空间越来越困难。我国儿童每年因道路交通事故受伤或死亡的数目也非常多,集中在中/下午放学时段的步行者中。因此,城市应该有合理的街区布局,降低儿童通勤路上的车辆通行,可通过时段限行的方式在现有基础上加以改善;或者完善步行道路网,从学校到城市的其他任何区域都应该有步行空间连接。

5.4.2.3 用连续性的步行网络加强城市的连续性

我们的城市是不连续的,正如柯布西耶在《光辉城市》中提到的,从家庭和工作地点只有一种类型的连接。这会导致城市各个元素以极其简单的方式进行对接,孩子们从学校到家,从一个公共空间到另一个公共空间,没有很便捷的连接体系,需要绕过很多条路,需要寻路探路,这就是现代功能主义城市的模块化、功能化带来的城市不便。看似我们的城市运行速度更快,但从儿童的安全活动角度来看,出现了越来越多的不安全威胁因素。我们的城市迫切需要增强公共空间的连接性,提升城市各功能区块的直接连通性,加强住宅楼的连接通道,形成连续的步行网络。这个网络中有多条线路可以到达同一公共空间,而不是只能沿着一条路,人车拥挤在同一时间。此外,前文设想的"儿童通勤专用步行系统"具有积极意义,这种设计不仅能减少儿童步行出行的危险,还能降低人车混行交通拥挤的现状,对提升社区凝聚力、建立友好的邻里关系也有积极作用。

5.4.2.4　建立可持续发展区域形态

典型的可持续发展区域规划是在一定用地范围内,围绕中心合理布局,住宅、办公楼、商铺、娱乐场所、市政机构、学校、医疗中心、公园、游乐场等一应俱全,功能齐全,适合人们的居住;重视公共空间和服务设施,重视儿童在区域中玩耍空间的数量和质量;区域中心到边界的最佳距离为 400 米。400 米的半径所形成的社区规模合理,人们只需要步行 5 分钟即可满足生活各方面的需求;常态化的公交系统非常便捷,公交站点距离学校只有 5 分钟,不用担心孩子们的接送和路途遥远的问题,也无需其他车辆参与接送而造成的交通拥堵。

＊　小结

本章首先从儿童心理安全抽样居住区、连接通道、公共空间等进行实体空间调查研究,旨在为儿童安全空间设计提供基础。调查中发现儿童心理安全公共空间具有共同的空间特点:温馨的邻里关系、宜人的建筑尺度、良好的建筑与公共空间关系、较好的视线渗透性、离家较近、无车化的空间和多样性的活动设计等。此外,如果空间整齐有序,有诸如保安、摄像头等高度监视系统也能增加儿童及看护人的安全认知。这些调查结果验证了儿童心理安全公共空间结构体系研究,和儿童行为心理城市公共空间设计研究的结论。

调查中发现,很多小学入口空间较为有限,有的几乎是直接正对着城市主车道,且其主入口外多为一条道路,缺乏供儿童放学聚集的充足集散空间。城市应该制定儿童公共活动空间规划设计的规范,完善对相关建筑及其外围空间设计的规范要求,必要时,进行道路或者其他公共空间的退让处理,充分彰显城市对儿童的种种关怀。

儿童在传统社区中的活动具有较高的安全性,因为其空间设计未考虑车辆通行,基本是以人和非机动车的通行为重点,所以仍然保存有无车化的活动空间,儿童在此空间能安全地自由活动,即使没有标准和完善的游戏设施仍然能乐在其中。传统社区具有宜人的建筑围合与尺度、良好的建筑和空间的视线渗透,利于建筑内的人群对活动空间的儿童进行直接监视,同时又体现了传统人文要素;而这些都是建立在社区随着城市时间演进积累下来的良好的邻里关系的基础上,是现代居住区缺乏却可以借鉴的空间设计要点。

所有的形态设计启发都是为了更完善的空间设计。儿童安全公共空间设计包括儿童活动主体安全设计和看护儿童的客体安全设计。其中,主体安全设计以儿童心理安全设计、活动安全设计和导视安全设计为主要内容;客体安全设计以看护安全设计和可达性安全设计为主要内容。本章从地面安全设计、活动设施安全设计、活动项目尺度安全设计和景观要素安全设计角度,对儿童活动安全设计进行了要点概述;从儿童公共活动空间兼顾看护要素设计、建筑物与公共空间良好的互动关系设计和视线通透的植物景观设计角度,进行了儿童看护安全设计研究;最后从加大儿童公共空间的分布密度、改善城市中的儿童步行交通环境、用连续性的步行网络加强城市的连续性,和建立可持续发展区域形态等城市布局角度,提出了儿童可达性安全设计的方法。

儿童公共空间安全设计是儿童活动的基础,它和儿童活动空间、儿童心理安全公共空间结构及分布模式相辅相成,既有联系又有分支,共同构成本研究的基本研究体系。

6 城市儿童公共空间安全维护体系

高品质的儿童公共空间体系的实现,还需要整个社会的足够关注度和积极维护,只有这样才能真正推动儿童安全空间设计的实施,并使其成为一种社会习惯。本章将从社会监督安全管理、儿童安全教育、儿童参与空间规划设计,以及儿童安全空间设计评价宏观层面,论述城市儿童公共空间安全维护体系。

6.1 社会监督及安全管理

社会监督及安全管理是保障和维护儿童活动空间友好设计的根本,是充分调动整个社会和行业力量的最有效手段。

6.1.1 社会监督

儿童活动公共空间的改善是儿童快乐成长的基础,对儿童活动与成长空间的关注体现了社会对民族未来发展的长远考虑。许多国家和城市都在着力建设"少年儿童友好型城市",把少年儿童的需要和权利纳入政策,特别是城市规划政策的中心地位,并从各方面进行监督,体现了城市对儿童活动空间的重视。欧洲的"为少年儿童建设的城市"网络把少年儿童友好度作为主要政策的远景宣言,此平台通过提供家庭友好型城市环境来鼓励人们建立"更大的家庭"。我国已经有越来越多的城市管理者和设计师逐渐意识到儿童公共空间的重要性,并在实践中做出努力,取得卓著成效。但整个社会对儿童活动公共空间的关注度还需要全面提升,并在各个层面形成监督机制和风尚。只有社会监督力度足够大,制度才能成为常态。

6.1.1.1 公共政策

① 相应的政策法规。1996 年，联合国提出了"少年儿童友好型城市"建设提案，并在意大利佛罗伦萨成立了联合国儿童友好型城市秘书处，支持城市政府、组织和社区在建立儿童和青少年友好型城市过程中的各项举措。自此，很多国家和地区开始设置专门的机构进行儿童友好型城市的研究和实践。比如 2007 年，欧洲建立了"为少年儿童建设的城市"网络，这是一个面向各国关于该议题的实践交流平台，通过该平台制定了衡量公共空间是否以儿童为本的主要标准。在安全建设方面，有很多国家开始逐步尝试运用 CPTED 的方法加强公共空间中儿童的安全性。如澳大利亚兰湾儿童游戏场规划（Lane Cove Playground Strategy, Dec. 2008）中提出：地方议会和运动场的设计者们需要考虑运动场的选址、设计和设施的安全性；澳大利亚的维多利亚州 2001 年起开始实施"步行校车"计划，为 6～12 岁的小学生在放学时专门组织成人监督其步行环境和状况。

1992 年我国政府制定了《九十年代中国儿童发展规划纲要》，这是中国第一部以儿童为主体，促进儿童发展的国家行动计划。随后又制定了《中国儿童发展纲要（2011—2020 年）》，主要从儿童健康、教育、社会环境和法律保障体系等方面对儿童享有的权利和义务进行了要点和策略制定，但是没有明确提出针对儿童公共空间的形式、环境和类别等的相关策略。在儿童安全方面，我国有《中华人民共和国未成年人保护法》，但这部法律也未在儿童公共活动空间方面做出明确安全规定。"以法治国"是我国现阶段极具有战略和实效意义的方针，应结合我国国情，针对儿童公共空间的建设、使用和安全保障提出明确的政策和法规建议，并指导城市建设进程中相关儿童公共空间建设的开展，用法律手段使儿童友好型城市建设真正落实。

② 社会监管。城市，如何让生活更美好？不仅仅要着眼于生态、绿色，城市中儿童的成长和活动状况也是另一个重要的考量方面。针对儿童活动的现状以及改善实施，我们的城市应该设立相关的监管机构，对该方面的建设和维护进行监督，比如对相关公益政策落实的监管。《中华人民共和国未成年人保护法》第三十条：爱国主义教育基地、图书馆、

青少年宫、儿童活动中心应当对未成年人免费开放;博物馆、纪念馆、科技馆、展览馆、美术馆、文化馆以及影剧院、体育场馆、动物园、公园等场所,应当按照有关规定对未成年人免费或者优惠开放。但是生活经验告诉我们,一些基于民生改善和儿童成长的收费性公共场所,对于"优惠"的理解似乎并不到位。城市建设除了生态维护和绿色充盈等,儿童在其中的健康生活也是非常重要的城市建设基础。因此,本着国家法律精神,从儿童发展出发,监管机构可以监督相关场所对于儿童活动安全的支持和责任的落实情况,贯彻应有的公益性和免费原则;必要时,建立和落实相关补偿政策和措施。

社会监管的主要目的是保证城市中的儿童能处处有玩乐的美好空间,包括通勤时间的交通状况监督、儿童步行街道的监督和儿童活动空间的建设跟踪和评价。

6.1.1.2　行业规范和专业的综合发展

① 增加相关行业建设标准。对于儿童受教育的幼儿园、小学、中学等建筑,我国有相关的具体规定和落实措施,比如《托儿所、幼儿园建筑设计规范》和《中小学校建筑设计规范》,这些规范都是国标当头,从建筑布局、服务半径、建筑面积和相关安全设计方面建立规范要求。对于儿童公共空间的具体要求,我们仅能从《公园设计规范 CJJ48—1992》《城市居住区规划设计规范 GB 50180—93》和《城市道路绿化规划与设计规范 CJJ 75—97》等规范中的某一条或者某一段落,了解对儿童公共空间设计及安全要素设计的要求;涵盖儿童活动空间布局、服务半径、数量分布、要素要求和安全监管的行业规范有待加强。由此可见,行业对城市中的建筑实体的关注度和重视程度远远大于对儿童户外公共空间的关注,儿童活动的城市公共空间似乎成为了可有可无的组成,这也不难理解很多儿童活动场地就是简单的铺装加成品器械设施的摆放,因为行业指标没有太严格的要求,不需要验收,只要基本用地指标达到要求就能顺利建成。我们行业对儿童活动空间的认识和理念方面还停留在初级阶段。

② 建设队伍的专业多元化背景。本书第一章已经提出,儿童公共空间活动及安全设计涵盖儿童心理学、社会学、城市规划设计学、建筑学和风景园林学等多个学科和专业知识,一个优秀的设计作品完成一定集合

了多种学科知识的运用。

在学科分类还没有细化的时候，城市规划、景观设计、建筑设计和生态环境等是融为一体的；随着学科的细分化，每个专业都开始独立发展，同时在发展方向上也显示出与其他相关学科的区别，促进了学科更深层次的发展和技术的快速进步。而高校各学科的教育模式下，又很容易使得多数受教育者获得综合的知识；城市规划倾向于社会问题的研究、建筑学讲究建筑实体空间的凸显、风景园林学关注虚空间和生态因素的设计，这些学科虽然对环境心理学、人体工程学、行为学都比较重视，但在教育体系中并没有进行反复的相关训练，这也是城市中儿童空间设计出现诸多问题的原因之一。

因此，在学科区分精细的今天，任何一个公共空间的设计者都应该具备综合的学科知识，在进行相关设计时，要充分考虑儿童的使用；有效咨询和组织相关学科知识，并运用于各阶段的设计中。应当要牢记儿童的快乐和安全游戏是城市健康幸福的基础这一根本城市宗旨。

6.1.1.3 公众意识

城市居民是儿童活动最强大和最直接的看护者，他们的群体认知意识会影响整个城市的生活方式。良好公众意识的形成需要由上至下各个层面的推动。

我们的设计师要具有高度的儿童关怀精神，对待城市的任何一个实体建筑和公共空间设计，都应该兼顾儿童使用需求，做足对目标区域儿童活动需求、年龄特点、活动范围、文化诉求等调研工作，在设计中充分显示设计对儿童的友好和关怀，尽可能营造能帮助儿童更快乐、更安全成长的公共空间。

我们的开发商是否可在考虑经济利益的前提下，建设项目中多一些对儿童的关怀。除了大量需要收费的室内游乐场和电子娱乐项目，商业建筑中应该设置更多的可利用空间，免费供儿童前来活动，毕竟他们是潜在或者更大群体的消费者。

我们的社区要充分发挥组织能力，对辖区内儿童进行各项集体活动组织，可体现在对公共空间的参与、空间标识的设计、社区徽章的设想抑或社区文化符号的再提炼等方面，这会让孩子们从小就对社区产生强烈的归属感和认同感,同时也是建设和谐邻里关系的重要渠道。在一个积极、明快、向上的环境中,儿童的活动安全系数肯定要高于冷漠或者交往甚少的社区。

我们的市民要有更多的人文关怀精神。在邻里或者市区的任何地方,如果看到有儿童在活动中即将受伤或者有可疑犯罪者将对儿童实施犯罪,应及时前去制止,对城市中的每一个孩子都像看护自己的孩子一样,有着一双自发监管的"看护眼"。

为使儿童在公共空间活动中更快乐、更安全,设计中可进行一些有实践意义的尝试。比如,为寻求更好的规避儿童遭受暴力伤害的措施,日本广泛使用了让儿童随身携带预防犯罪蜂鸣器的方法,进行"识别潜在的犯罪者"的行动等。这是基于防止"犯罪的人"的方法,虽然这种尝试集成效和问题于一身,但是至少引起了社会对儿童安全的关注。采用社区安全地图避免儿童遭遇空间侵犯性犯罪,是另一种保护儿童空间安全的尝试,这种方法在每个社区地图上标志孩子最易遭遇犯罪的热点区域,并对这些区域加强监控。

6.1.2 安全管理

此处主要论述实施安全管理的部门在保护儿童公共空间活动安全方面应加强的工作。

6.1.2.1 社会犯罪管理

主要针对犯罪事件的管理,内容包括专职保安人员的地区巡视和监管。

调查得知,儿童对有保安的公共空间心理感知安全;专职保安人员的巡视和监督对防止犯罪事件也非常有效。城市管理要加强专职保安人员的督促工作,培养其自身职业能力和责任心,做到责任分区明确,形成有力度的监管队伍。为了弥补专职人员的巡视时间空隙给犯罪分子带来机会,可在公共空间内配备监管力度高、设备品质好的监管系统,对犯罪活动进行有效安全监督,降低犯罪分子的犯罪动机。

6.1.2.2 空间维护管理

空间维护管理主要指空间各要素的日常维护,包括以下内容。

① 地面。及时清扫地面,维护场地的清洁卫生;及时修复破损地面,防止儿童因奔跑而摔倒;儿童活动器械铺装地面采用草坪、塑胶、沙地等软性材料。

② 器械及小品维护。及时维修因使用过久造成的器械或小品的破损、尖角、脱落等,避免给使用的儿童带来诸如夹伤、刺破、砸伤等伤害。

③ 植物管护。不同于其他要素,植物具有旺盛的生命力,随着时间的变化,其对空间的影响和景观效果会不断改变。对植物的维护除了要从其自身良好生长角度出发外,还应注意植物的长势是否与儿童活动空间的范围、视线等要求有冲突,如长势过密,则应在维护中适当减低其密度,维护儿童活动空间的安全需求。

④ 水体安全防护。跟踪各种水体的设计和使用状况,对设计和建设中未考虑的危险因素进行及时防护,比如防护栏杆的增设。由于儿童的好奇心理和亲水心理,在活动中可能会翻越防护设施,因此在场地的日常维护和管理中,增加对儿童该行为的制止措施。

6.1.2.3 场所精神维系

空间的场所精神维系能增加儿童的归属感、识别力,提升邻里友好度,为空间活动的儿童提供心理安全保障和自然监督保证。

① 标识。设计专属于空间自身的标识,如有特色的标志牌,特殊的图案、雕塑,边界特征,空间专属活动等,可增加儿童的心理安全感知。这类标识物可在后期管理中定期更换,引入主题设计的方式,甚至可以吸引当地居民的参与,激发社区活力。

② 活动组织和交流。空间内的活动能吸引人群前来参与,也会因为"人看人"的行为规律提高居民的参与度。活动人数的增加有利于对儿童安全自然监督能力的增强。空间内活动往往有自发式和组织式,前者不需要专门的管理,后者则由专业机构负责活动发起和策划。组织的活动需要有自身特色,能促进进入的人群交流,营造友好的空间交流气氛,增加空间的归属感和认知力,利于儿童安全防范。

③ 空间特征和历史文脉维系。每个空间都有自己的文化特色和历史来历,这是空间之间的区分,包括物质空间特征和非物质历史文化要素。物质空间特征如围合的界面,在本书第五章提到的陈老巷两边的建

筑,因为年代较久,会出现墙面破损等问题,为了维持场所的文化要素设计,需要相关部门进行必要的维修。

对那些具有较丰富的历史和文化特色的空间,应通过各种手段延续、增强其文脉特色,增加其识别力。方式包括文化宣传、历史学习、设计竞赛等,所有的形式都是为了营造更加有地域特色和和谐邻里关系的空间,让儿童受益。

6.2　儿童安全教育

增加对儿童安全教育的力度和广度,提高儿童自身对各种不安全因素的认识和防范规避能力。为了提高社会对儿童安全的监督能力,需普及社会对儿童安全的宣传,获得公众对儿童安全的关注。

6.2.1　教育内容

一些发达国家从幼儿时期就开始了对儿童各方面的安全教育。在丹麦,当孩子两岁半时,即开始接受交通教育,并被邀请加入儿童交通俱乐部;美国、日本等一些国家从幼儿园起就将安全教育融入游戏活动中,让儿童在玩乐中自己去体会什么是安全,逐渐形成儿童自身的安全意识,以及应对各种危险的能力。我国对儿童的安全教育在整个教育过程中所占比例较少,主要从小学阶段才开始,内容也多停留在交通安全的教育等。

对儿童的安全教育应该包含交通安全教育、防卫安全教育、行为安全教育三方面的内容。

6.2.2　教育实施者

儿童安全教育的实施方包括家庭、学校和社会各层面。作为教育的主要实施者,学校应从幼儿园就开始对儿童进行包括交通安全教育的各种安全教育,提高儿童对危险的认知能力。因此儿童安全教育的主要实施者为学校老师。教师应该把对儿童的安全教育作为教育的重要组成部分,从多角度对儿童实施安全教育。如为了培养孩子在户外活动时预测、判断、回避危险的能力以及探索、创新、自主的精神,可允许孩子尝试各种他们自创的具有"冒险性"的活动,以及自己发明一些游戏设施的"非常规"玩法,不轻易制止或强调儿童在游戏中的"规定动作"。教师可参与到孩子们新奇刺激的活动中去,成为孩子们活动中"同伴",在和孩子游戏的同时对其开展行为安全教育。为了实施防卫安全教育,可以模拟发生在公共空间中遭受坏人侵害时的场景,提供给孩子规避此类危险的方法,从中提高儿童自身对危险的认知能力。教育的主要目的是要让儿童提高环境识别的能力和学会防卫保护的方法。

6.2.3 社会支持

仅有学校教育还不能达到儿童安全教育最有效的状态。需要提高整个社会对儿童安全教育的关注,获得广泛支持,包括家长、社区和社会其他群体。学校在对儿童实施安全教育同时,积极保持和家长的沟通,就儿童安全教育的内容和理解达成一致。社区的参与也必不可少,社区资源的共享是儿童安全教育顺利进行的保障。为了获得社会群体的关注,应当加强儿童安全教育的社会宣传,提高社会公众的认识和关注度,提升公共空间儿童活动安全的社会自然监督力。学校、家长、社区和社会其他群体的共同配合,必定能为儿童安全创造最优环境。

6.2.4 法律保障

安全设计的实现前提是要有法律的保障。社会应当在城市建设的进程中,积极推进维护城市儿童户外活动环境,包括居住区、街道、学校、城市广场和公园等的安全相关法律、法规建设与完善。从城市环境的角度对儿童密集场所限定以特殊要求;特别是对于责任方模糊的校前交通线路、居住区儿童游戏场地器械和铺装、人行道铺装的安全规划设计与实施,用法律的手段保证其合理开发建设,分阶段地进行工作检查,使城市儿童户外活动环境安全设计最终能体现在法律保障上,为儿童创造良好的户外活动环境。

6.3　儿童参与空间规划设计

1969 年 Sherry Arnstein 提出"市民参与阶梯"（A Ladder Citizen Participation）的理论，从此公众参与（public-participation）的概念开始广泛深入城市规划建设层面。同样，如果将儿童空间纳入城市公共空间的规划设计中，那么城市公共空间的儿童活动设计就不会出现千篇一律的雷同，而是和地区儿童实际情况相符合。

《儿童权利公约》（UNICEF，1989）表明，儿童了解环境，有动力和能力塑造他们自己的环境未来。基于该公约公布的背景，儿童和青少年在20 世纪 90 年代被列入规划参与人员的名单，表明儿童有权参与环境规划建设。随着年龄的增长，儿童对环境建设的参与愿望和参与能力也相应发生变化。0～6 岁的儿童理解和认知能力有限，他们对空间环境里的单个动植物要素会比较关注；6～12 岁的儿童已经具备了基本的观察和理解力，能够感知环境中的气候变化，能对设计的要素、活动项目的优劣给出基本的评价，能够听取广泛的意见并进行取舍；12 岁以上的儿童开始关注物质环境的方方面面，关注自身活动的品质，能开展空间的各种活动调查，并能非常具体地描述空间建设的各项特点和现象。

因此，儿童具有参与空间规划建设的基本能力，尊重儿童的权利，让儿童参与规划设计的过程，可以充分利用他们的创造性、探索力及对自然和建成环境的兴趣，建成满足其需求的活力空间。而在允许参与的过程中，无形中增强儿童对所生活城市的关注度，提升主人翁的精神和环境及生活观察能力。在空间规划前、规划过程和实际建造的过程中，都可以允许儿童进行不同程度的参与。

6.3.1　儿童对规划设计的参与

① 规划设计前的儿童调研。城市公共空间有儿童专属的类型，有儿童和其他人群共享的类型。规划之初，对儿童开展广泛深入的问卷调查。对于儿童专属空间，咨询的问题主要基于空间活动类型，问题主要有："所有玩过的游戏中最喜欢的类型""希望儿童公园/植物园/游乐场

是什么类型的""喜欢什么样的游戏""喜欢一个人玩还是多个人玩""喜欢封闭还是开敞的游戏空间""活动的时候遇到过什么不安全的事儿吗"……提问的方式要尽量简单明了,类似本研究的问卷调查方式,目的是从中找出最适合服务对象的儿童最感兴趣的空间形式。

② 规划设计过程的儿童参与。基于前期的调研进行多种可能性方案的策划,并以图形的方式详细展示出来。4 岁以上的儿童对图形有着极高的辨识度,且对图示中的各项设计能进行一定的评价,综合抽样儿童对方案的意见和建议,最终进行唯一方案的筛选和优化。当然除了图示表达,动画展示更直观。现在的设计软件正朝向多元化和直观化发展,越来越有利于儿童参与其中。

6.3.2　儿童参与空间建设的实施

在项目实施过程中,可以适当让儿童参与其中。儿童常常有与成人不同的视角和不同的需要,会带来不同的空间作品。儿童参与空间建设的实施,能使儿童充分锻炼社会参与能力,又能通过整个过程习得人际交往能力。当然,这并不是让儿童动手开始施工所有的空间,这不现实也不可行。可以在诸如居住区公共空间、儿童通勤路径上的空间、社区花园等预留合适的项目让儿童参与建设,建设的尺度较小,建造所需要的动手能力在参与儿童能力许可范围内,就像搭积木和设置大型手工艺品,让孩子在实际场地充分发挥想象力。

6.4　基于空间因子的儿童安全空间设计适宜性评价

良好的儿童活动空间的建设需要一套对其进行评价的体系。通过评价体系,我们可以对一个已经建成空间进行综合评估,以确定其品质高低,并为城市更新提供有益的理论指导。

儿童公共空间活动及安全设计受到诸多因素的影响,有来自宏观层面的结构、类型、分布模式、城市交通和道路网设置的影响;有空间自身设计因素影响;有具体的环境设计要素和非物质形态的邻里关系的影响;还有来自儿童主体和客体因素影响。一个安全的儿童公共空间不一定是儿童喜爱及基于儿童心理需求出发的设计,而一个儿童喜爱的活动场所的空间设计也不一定安全,只有当设计趣味性和安全因素同时兼顾,才能确定一个儿童专属的或者共享的公共空间的品质,而兼顾两者的儿童活动公共空间也是本研究的对象。

基于前文的研究基础,从诸多空间因素中找出影响儿童户外活动空间设计和安全设计的主要矛盾,并通过要素评价展开对儿童户外活动空间适宜性建设评价,以更好地指导儿童活动空间的建设。

6.4.1　评价体系的构成

评价体系包括区域总体评价和单个空间的评价。区域总体评价是对一个区域甚至一个城市的儿童活动公共空间总的状况进行的评价。单个空间是指具体的某个公共空间本身。前者的评价建立在后者先评价的基础之上。儿童活动空间评价体系首先筛选出不同因素的各个因子,然后对因子所占权重进行赋分,从而得出每个要素的分值,最后将各个要素得分进行叠加,形成总体评价。

6.4.2　单个空间适宜性评价

单个空间适宜性评价包括安全设计适宜性评价和儿童偏好度评价,两者的得分之和组成单个空间的适宜性评价。评价因子可能同时满足两种要求,比如活动中儿童与儿童之间或者儿童与其他人群之间的熟知关系,越亲切熟知度越高,就越能激发空间内的多样性和长久性活动,儿童安全度也较高。我们称这样的因子为全能因子。

6.4.2.1　安全设计适宜性评价

安全设计适宜性评价基于儿童安全设计两大主体六大要素的 30 个因子(表 6-1)。

表 6-1 儿童公共空间安全设计评价

安全设计层面	安全设计要素	评价因子	评价得分
主体安全设计	儿童心理安全设计	儿童活动心理安全调研(询问活动中的儿童所得结论)	1.安全 2.偶尔会发生不安全事件;基本安全 3.不安全
		活动的人之间的关系*	1.熟悉 2.部分熟悉 3.完全陌生
		儿童对活动空间的熟悉度*	1.非常熟悉 2.一般熟悉 3.不熟悉
		和家的距离	1.很近(0~400 米) 2.近(400~1 000 米) 3.远(1 000 米以上)
	活动安全设计	行走地面安全设计	1.安全 2.一般 3.不安全
		活动设施安全设计	1.很安全 2.偶尔出现尖角 3.潜在危险因素很多
		活动设施下垫面铺设柔性材料*	1.是 2.部分 3.硬性材料
		活动设施防护距离	1.足够 2.部分局促 3.未考虑
		活动空间尺度 *	1. 尺度适宜,活动空间足够 2. 尺度稍局促,活动空间部分交叉 3. 尺度欠佳,未考虑活动距离
		植物安全设计	1.安全 2.部分有危险因素 3.完全不安全
		水体安全设计*	1.安全 2.深度太深,但有防护 3.未考虑
		高差和地形安全设计	1.适合所有儿童 2.局部未考虑 3.完全不符合儿童尺度
		照明设计*	1.光线明亮,不刺眼 2.刺眼或者亮度不够 3.无
	导视安全设计	车辆交叉情况	1.无 2.偶尔 3.完全
		标识内容安全设计	1.全部识别 2.部分识别 3.儿童无法识别
		标识材料选择安全	1.安全 2.部分安全 3.几乎未考虑安全
		标识安装安全	1.稳固 2.存在少量松动 3.不牢固

安全设计层面	安全设计要素	评价因子	评价得分
客体安全设计	看护安全设计	看护人休息空间	1.足够　2.少许　3.未考虑
		看护人活动空间	1.足够　2.少许　3.未考虑
		建筑物和空间的视线渗透*	1.通透　2.部分通透　3.密闭
		建筑物和空间的围合关系	1. 建筑围合形成活动空间 2. 建筑部分围合形成活动空间 3. 建筑和空间无围合关系
		植物密度和层次	1.通透　2.局部过于密实　3.太密实
	可达性安全设计	步行到达	1.可以　2.借助非机动车　3.必须借助机动车
		儿童独立到达*	1.可以　3.不能（无中间项）
		空间内部的连通性*	1.紧密　2.部分连接　3.无
		所处区域内具有联系的步行网络	1.有且方便　2.有,但复杂　3.无
	社会监管设计	空间监视设备的配备	1.有且充足　2.有,不多　3.无
		治安人员	1.有且持续　2.有,但偶尔　3.无
		公众对场所看管的参与度	1.多数参与　2.少数参与　3.从不参与
		活动的儿童受安全教育程度	1.经常　2.偶尔　3.没印象

注:按照适宜度,序号1,2,3分别对应分值1,2,3。

6.4.2.2 儿童偏好度评价

基于儿童公共空间活动心理出发,公共空间儿童偏好度主要影响因子有28个（表6-2）。

表6-2　儿童公共空间偏好度评价

设计层面	设计要素	评价得分
空间围合和界定	车辆密集度	1.无　2.少　3.多
	边界标识清晰度	1.清晰　2.部分模糊　3.不清晰
	和周围环境视线渗透*	1.互相渗透　2.部分渗透　3.没有渗透

（续表）

设计层面	设计要素	评价得分
空间要素设计	场地卫生整洁度	1.干净,无垃圾　2.少量垃圾　3.不整洁
	光线及照明*	1.明亮　2.较暗　3.不够照亮
	设施材料	1.自然和柔性材料　2.部分自然材料　3.无自然材料
	水体*	1.亲水性设计　2.部分能亲水活动　3.无法与水体互动
	植物	1.利于儿童观察　2.只是景观树　3.完全无考虑
	器械下垫面材料	1.柔性　2.部分柔性　3.硬性
	整体地面平整度	1.平整　2.局部不平整　3.不平整
	空间整体色彩	1.明快　2.局部明快　3.复杂
	标识设计	1.吸引各年龄儿童　2.吸引部分儿童　3.完全被儿童忽略
空间组织	活动人数	1.多　2.一般　3.少
	活动人群年龄组成	1.非常多样　2.多于一种　3.单一
	活动的人之间的关系*	1.友好　2.个别友好　3.陌生冷淡
	儿童对活动空间的熟悉度*	1.熟悉　2.个别熟悉　3.陌生
	儿童独立到达*	1.可以　2.需要陪同　3.不能
	空间内部的连通性*	1.通畅　2.局部连接　3.隔离
	场所标识性	1.识别性高　2.少数识别　3.无特色
	子空间视线渗透	1.互相渗透　2.少数渗透　3.互相无渗透
	空间尺度*	1.儿童尺度　2.局部儿童尺度　3.尺度随意
空间趣味性设计*	勇气启发	1.强烈　2.较弱　3.完全没有
	创意启发	1.强烈　2.较弱　3.完全没有
	文化启发	1.强烈　2.较弱　3.完全没有
	交往启发	1.强烈　2.较弱　3.完全没有
	自然要素设计	1.明显　2.个别要素　3.完全没有
	环保设计	1.明显　2.个别要素　3.完全没有
	可持续设计	1.明显　2.个别要素　3.完全没有

注:按照适宜度,序号1,2,3分别对应分值1,2,3。

通过以上分析调研,可知单个空间的全能因子包括可达性、视线渗透、活动的人之间的关系、水体安全设计等,详见表 6-1、表 6-2 中带"*"者。

6.4.3 区域儿童空间品质总体评价

一个区域内儿童活动公共空间的总体质量能反应该区域对儿童的关怀程度。其评价内容包括所有单个儿童活动空间的评价(权重 50%)和空间总体布局和关联性评价。基于城市设计学、风景园林学、环境心理学和建筑学等相关理论,从空间的数量和面积、分布等级、空间之间步行连接的距离进行空间总体布局和关联性评价,各要素评价指标和计算值见表 6-3。

表 6-3 区域儿童空间品质空间总体布局和关联性评价因子

评价因子	评价标准	参照值	计入权重值
空间的数量和面积	单个空间的数量和面积乘积	所选区域总面积	分布面积占地率;越大越好
分布等级	以居住区为核心,服务半径分别分布在步行距离为 0~50 米,300~500 米,500~1 000 米,1 000 米以上区域内	所选区域总面积	分布半径为圆形计算面积,计算出空间分布密度值;越高越好
空间之间步行连接的距离	计算各个空间之间无车化的最短步行距离	所选区域的步行道路总长度	儿童公共空间步行可达性比值;越低越好

注:参照建筑指标的计算方法。

由此我们得出,一个区域供儿童活动的空间品质主要由该区域所有空间的儿童公共空间安全设计评价、儿童偏好度评价、面积占地率、分布密度和儿童公共空间步行可达性比值几项内容共同决定,这也是基于本书前文研究基础。每项指标所占权重值和具体的计算方法有待进一步深入研究。

6.4.4　评价方法的展望

儿童公共空间建设适宜性因子评价是一个设想,完备的评价体系更是今后努力的方向。我们经常用各种指标来评价一个城市是否更美好或者更成功,唯独缺乏和儿童有关的环境建设指标。儿童是弱势群体,却是我们希冀的未来;一个城市的素质,体现在居民生活素质的提升,在公共健康生活基础的改善,在对儿童童年生活的尊重。当绿色成为城市筑梦主题的今天,当海绵城市成为城市建设重任的当下,关乎孩子们快乐玩耍的公共空间的评价,是不是也可以成为城市素质展现的标准呢?

＊　小结

维护儿童安全公共空间建设的体系包括社会监督及安全管理层面,这是从法律法规、行业规范以及社会认知等宏观方面的有力保障,只有当社会的各个阶层都开始认真关注城市儿童活动现状并为之出谋划策的时候,良好的城市品质就会不断涌现。

安全教育是保障安全空间设计持续的重要方面。教育不仅要面向儿童,提高儿童自身对各种危险的认知和规避能力;还要加大社会宣传力度,取得社会广泛关注和支持。针对儿童的教育主要包括防范教育和环境识别教育。

儿童具有社会环境参与的权利和一定的能力,让儿童参与公共空间和儿童专属空间的规划中来,既能提升儿童的交往和认知能力,也能营造更被居民尤其是儿童认可的城市空间,是营造和谐邻里关系和提升城市归属感的有效途径。

基于前文所有的理论和实体空间研究,本书对儿童活动空间的评价进行了基本研究,提出的评价体系包括区域总体评价和单个空间的评价。单个空间是指具体的某个公共空间本身。前者的评价建立在后者先评价的基础之上。整个体系首先筛选出不同因素的各个因子,然后对因子所占有权重进行赋分,得出每个要素的分值,最后将各个要素的得分进行叠加,形成总体评价。本章基于前文的研究基础,选取了

28个主要适宜度影响因子对儿童公共空间偏好度进行评价,选取30个主要影响因子对儿童公共空间安全设计进行评价分析。区域总体评价是对一个区域甚至一个城市的儿童活动公共空间总的状况进行的评价,包括单个空间的评价和反映各个空间连接度和总体布局关系的评价。其中,空间的总面积和活动空间的分布面积以所选区域的总面积为参照值,计算出面积占地率和分布密度值,计入总体评价计分项;空间之间步行连接的距离和所选区域的步行道路总长度比值计入总体评价。这种以因子适宜性和所占权重值的总体评价方式还存在很多需要深入探讨之处。

城市儿童公共空间维护体系、空间结构安全及设计互相依存,相互影响,共同致力于建设充满活力、安全无忧的城市儿童公共空间。其体系如图6-1所示。

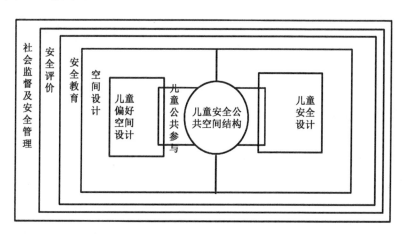

图6-1　城市儿童公共空间维护体系、空间结构安全及设计关系分析图

附录一 小学生调查卷(可多选)

学校_____ 性别_____ 年龄_____

年级_____ 住址(街道名或小区名)_____

1. 放学怎么回家?
   □爸妈接送 □自己搭公共汽车 □自行车 □步行
   从家到学校要多久?
   □汽车_____ □自行车_____ □步行_____(请在直线上填写时间)
   理想的回家方式?
   □机动车 □自行车 □步行

2. 如果选择在以下地方玩耍,平时常去哪些地方? 周末呢?
   平时:
   □家附近的活动场地　地名_____
   □公园　地名_____
   □广场　地名_____
   □路边(街道)　地名_____
   □小游园　地名_____
   □其他　地名_____
   周末:
   □家附近的活动场地　地名_____
   □公园　地名_____
   □广场　地名_____
   □路边(街道)　地名_____
   □小游园　地名_____

☐其他　　　　　地名 _____

3. 在以上所选择的地方玩耍你觉得哪些地方最安全?

　地名 _____

　为什么?

　☐不会摔到　☐干净　☐活动多　☐游戏设施不会伤人　☐光线明亮　☐人多　☐能看到周围情况　☐离家近　☐容易走到那儿

　☐车辆少　☐有熟人　☐有保安

　☐其他 _____

4. 在以上所选择的地方玩耍你最喜欢哪些地方?

　地名 _____

　为什么?

　☐干净　☐好玩　☐安全　☐自然发现　☐认识朋友　☐熟悉

　☐方便到达

　☐其他 _____

5. 在以上所选择的地方玩耍你觉得哪些地方最不安全?

　地名 _____

　为什么?

　☐人少　☐破旧　☐车多　☐光线暗　☐不容易到那儿　☐植物太多　☐有坏人侵扰　☐容易受伤

　☐其他 _____

6. 在以上所选择的地方玩耍你最不喜欢那些地方?

　地名 _____

　为什么?

　☐不好玩　☐不安全　☐太远　☐没去过

　☐其他 _____

7. 回家必须走过的街道有哪些?

　地名 _____

　觉得哪条街道最安全?

地名 _____

为什么觉得这里安全？

☐车少　☐人多　☐没有坏人　☐两边房子是卖东西的　☐离家近

☐明亮

☐其他 _____

为什么觉得不安全？

☐车多　☐人少　☐有坏人　☐两边都是墙　☐离家远　☐光线暗

☐其他 _____

8. 上学路上有没有感到不安全？

☐有　☐没有

感到不安全的地点在哪里？

地名 _____

遇到的不安全事件是什么？

☐摔倒　☐被车辆撞伤　☐迷路　☐同伴打架　☐坏人侵扰

☐其他 _____

9. 在户外活动的地点是怎么到达的？

☐父母指定　☐自己发现　☐同学一起　☐老师指定

10. 一个人到户外活动吗？

☐经常　☐偶尔　☐从不

从不的原因：

☐不敢　☐不被允许　☐没时间

11. 一个人进行户外活动的空间有哪些？

☐小区里　☐家门口　☐无车街道上　☐自由选择

附录二　家长调查卷(可多选)

孩子所在学校＿＿＿＿＿＿＿＿＿＿　性别＿＿＿＿　年龄＿＿＿＿

年级＿＿＿＿　住址(街道名或小区名)＿＿＿＿＿＿＿＿＿＿＿＿

1. 您的孩子放学怎么回家?
   □接送　□自己搭公共汽车　□自己骑自行车　□步行
   从家到学校要多久?
   □汽车＿＿＿＿　□自行车＿＿＿＿　□步行＿＿＿＿(请在直线上填写时间)

2. 您的孩子如果需要玩耍,您会让他(她)去那些地方?
   □家附近的活动场地　　地名＿＿＿＿＿＿＿＿＿＿＿＿＿
   □公园　　　　　　　　地名＿＿＿＿＿＿＿＿＿＿＿＿＿
   □广场　　　　　　　　地名＿＿＿＿＿＿＿＿＿＿＿＿＿
   □路边(街道)　　　　　地名＿＿＿＿＿＿＿＿＿＿＿＿＿
   □小游园　　　　　　　地名＿＿＿＿＿＿＿＿＿＿＿＿＿
   □其他　　　　　　　　地名＿＿＿＿＿＿＿＿＿＿＿＿＿
   为什么?
   □干净　□安全　□方便到达　□利于孩子认识朋友　□熟悉
   □孩子喜欢　□离家近
   □其他＿＿＿＿＿＿＿＿＿＿＿＿＿＿＿＿＿＿＿＿＿＿

3. 孩子在以上所选择的地方玩耍您觉得哪些地方最安全?
   地名＿＿＿＿＿＿＿＿＿＿＿＿＿＿＿＿＿＿＿＿＿＿＿
   为什么?

□容易到达　□离家近　□车辆少　□邻接建筑一楼有卖东西
□出入口多　□植物不密　□能看到周围　□场地平整　□水池安全
□运动器械不易导致受伤　□视线开敞　□人友善　□活动多
□人多　□有保安　□干净整齐
□其他_____

4. 孩子在以上所选择的地方玩耍您觉得哪些地方最不安全？
　　地名_____
　　为什么？
　　□不易到达　□离家远　□车辆多　□视线密闭　□植物密有刺
　　□场地不平整　□水池不安全　□运动器械易导致受伤　□有坏人
　　□没活动　□没保安　□脏乱　□人少　□破旧　□没有游戏设施
　　□有坏人侵扰
　　□其他_____

5. 您的孩子回家必须走过的街道有哪些？
　　地名_____
　　觉得那条街道最安全？
　　地名_____
　　为什么？
　　□车少　□人多　□没有坏人　□两边建筑一楼开门朝向街道
　　□离家近　□两边高楼的窗或门能看到街道　□光线明亮
　　□其他_____
　　觉得其他街道不那么安全的原因？
　　□车多　□人少　□有坏人　□两边都是墙,没有窗或门朝向街道
　　□离家远　□空间密闭　□光线暗
　　□其他_____

6. 您的孩子上学路上有没有感到不安全？
　　□有　□没有
　　感到不安全的地点在哪里？
　　地名_____

遇到的不安全事件是什么？

☐摔倒　☐被器械伤到　☐同伴打架　☐坏人侵扰　☐迷路　☐被车辆撞伤

☐其他_____

7. 您允许孩子在户外单独活动吗？

☐允许　☐不允许

您允许的单独活动的场所有哪些？

☐家门口　☐小区儿童活动区　☐其他公共场所

8. 接送孩子的原因是担心孩子：

☐摔倒　☐被器械伤到　☐同伴打架　☐坏人侵扰　☐迷路　☐被车辆撞伤

☐其他_____

参考文献

[1] 萧黎.南京市 1144 名中小学生课后作息时间调查[J].中国学校卫生,2003,24(3)：288-289.

[2] 刘爱玲,李艳平.我国中小学生学习日平均活动时间分析[J].中国学校卫生,2006,27(6):273-275.

[3] 黄忠秀.1131 名学龄前儿童心理行为问题调查[J].医学与社会,2007,20(2)：58-59.

[4] 井卫英,陈会昌,孙铃.幼儿的游戏行为及其与社会技能、学习行为的典型相关分析[J].心理发展与教育,2002(2)：14-16.

[5] 刘冰颖.城市儿童游戏和游戏活动空间的设计研究[D].北京：北京林业大学,2005.

[6] 张晔.3～10 岁儿童对居住区活动环境设施的需求[D].上海：同济大学,2007.

[7] 仙田满(著),侯锦雄(译).儿童游戏环境设计[M].台湾：田园城市文化事业有限公司,1996.

[8] 仙田满＋环境设计研究所,水晶石数字传媒.环筑[M].北京：中国建筑工业出版社,2003:10-15 .

[9] Moore G. T. , Cohen U. , Hill A. B. , et al. Recommendations for Child Play Areas：Center for Architecture and Urban Planning Research[M]. University of Wisconsin-Milwaukee，1999.

[10] Moore R. C. , Goltsman S. M. , Iacofano D. S.. Play for All Guidelines：Planning, Design and Management of Outdoor Play Settings for All Children [M]. Mig Communications，1997.

[11] Morris J. M. , Dumble P. L. , Wigan M. R. Accessibility indicators for transport planning[J]. Transportation Research A, 1978,

13：91-109.

[12] Moseley M. J. Accessibility：The Rural Challenge[M]. London：Methuen，1979.

[13] 琳达·凯恩·鲁思.简捷图示儿童建筑环境设计手册[M].北京：中国建筑工业出版社，2003.

[14] M. 欧伯雷瑟—芬柯. 活动场地：城市——设计少年儿童友好型城市开放空间[J].中国园林，2009(9)：49-55.

[15] Rasmussen K. Places for Children – Children's Places[J]. Childhood，2004，11(2)：155-173.

[16] Chawla L. Children's Concern for the Natural Environment [J]. Children's Environments Quarterly，1988(5)：13-20.

[17] Chawla L. Childhood Place Attachments[M]. // Altman I, Low S. M.，eds. Place Attachment. New York：Plenum，1992：63-85.

[18] Marketta Kyttä. The Extent of Children's Independent Mobility and the Number Of Actualized Affordances As Criteria for Child-friendly Environments[J]. Journal of Environmental Psychology，2004，24：179-198.

[19] Kennedy，David. The Young Child's Experience of Space and Child Care Center Design：A Practical Meditation[J]. Children's Environments Quarterly，1991，8(1)：37-48.

[20] 中村攻(著)，卡米力·肖开提，章俊华(译).儿童易遭侵犯空间的分析及其对策[M].北京：中国建筑工业出版社，2006.

[21] 方咸孚，李雄飞.居住区儿童游戏场地的规划与设计[M].天津：天津科学技术出版社，1986.

[22] 黄晓莺.居住区环境设计[M].北京：中国建筑工业出版社，1996.

[23] 姚时章，王江萍.城市居住外环境设计[M].重庆：重庆大学出版社，1999.

[24] GB 50180—93.《城市居住区规划设计规范》[S].

[25] 建设部住宅产业化促进中心. 居住区环境景观设计导则[M].

北京：中国建筑工业出版社，2006.

[26] 马建业. 城市闲暇环境研究与设计[M]. 北京：机械工业出版社，2002：116-120.

[27] 吴爽. 儿童户外活动安全研究[D]. 南京：南京农业大学，2008.

[28] 北京大学景观设计学研究院. 景观设计学——儿童空间与活动[M]. 北京：中国林业出版社，2012.

[29] 毛华松，詹燕. 关注城市公共场所中的儿童活动空间[J]. 中国园林，2005(7)：4.

[30] 李德华. 城市规划原理[M]. 北京：中国建筑工业出版社，2001.

[31] 刘荣增. 西方现代城市公共空间问题研究述评[J]. 城市问题，2000，5：8-12.

[32] 张谊，戴慎志. 国内城市儿童户外活动空间需求研究评析[J]. 中国园林，2011(2)：47-85.

[33] Rasmussen K. Places for Children — Children's Places[J]. Childhood，2004，11(2)：155-173.

[34] 朱亚斓. 城市儿童安全公共空间结构体系研究[D]. 南京：南京农业大学，2009.

[35] Lady Allen. Planning for Play[M]. Massachusetts：The Mit Press，1998.

[36] Clare Cooper Marcus，Robin C. Moore. Children and Their Environments：a Review of Research 1955—1975[J]. Architecture Criticism and Evaluation，1976，29(4)：22-25.

[37] 凯文·林奇. 城市意象[M]. 北京：华夏出版社，2001.

[38] 伍麟，郭金山. 国外环境心理学研究的新进展[J]. 心理科学进展，2002，10(4)：169-170.

[39] 张溪明. 环境心理学在景观设计中的应用[J]. 山西建筑，2007，33(5)：52.

[40] (美)伯纳德·韦纳(著)，孙煜明(译). 人类动机：比喻、理论和研究[M]. 杭州：浙江教育出版社，1999.

[41] Newman O. Defensible Space：Crime Prevention Through Ur-

ban Design[M]. New York：Macmillan，1972.

[42] Jeffery C. R. Crime Prevention Through Environmental Design[M]. Beverly Hills，CA：Sage，1971.

[43] John Wiley，Sons. Planning and Urban Design Standards [M]. American Planning Association，2006.

[44] Carolyn Weitzman(著)，严宁(译).为多伦多创造更安全的空间[J].国外城市规划,2005(2)：58-61.

[45] 蔡凯臻,王建国.基于公共安全的城市设计——安全城市设计刍议[J].建筑学报,2008(5):38-42.

[46] 徐磊青.以环境设计防止犯罪研究与实践 30 年[J].新建筑,2003 (06):04-07.

[47] 郑莉芳.论犯罪心理过程[J].研究生法学,2006 (2):98-104.

[48] 邢杰.基于"防卫空间"理论的西北城市公共安全防控体系研究与应用[D].兰州:兰州大学,2006

[49] 洪亮平.城市设计历程[M].北京:中国建筑工业出版社,2002.

[50] 赵和生.城市规划与城市发展[M].南京:东南大学出版社,2005.

[51] 陈贝贝,杨剑.论空间与场所[J].四川建筑,2007,27(2):4.

[52] 戴菲,章俊华.规划设计学中的调查方法(1)——问卷调查法(理论篇)[J].中国园林,2008(11):77-87.

[53] 戴菲,章俊华.规划设计学中的调查方法(2)——动线观察法[J].中国园林,2008(11):82-86.

[54] 吴喜之.统计学[M].北京:高等教育出版社,2008.

[55] David Drake. Children and the Spaces They Need[R]. A Research Report，July 2004.

[56] 扬·盖尔(著),何人可(译).交往与空间[M].北京:中国建筑工业出版社,2002.

[57] 克莱尔·库珀·马库斯,卡罗琳·弗朗西斯(著),俞孔坚,孙鹏等(译).人性场所——城市开放空间设计导则[M].北京:中国建筑工业出版社,2001.

[58] 艾伦·B.雅各布斯(著),高杨(译).美好城市:沉思与遐想

[M].北京:电子工业出版社,2014.

[59] Richard Louv. Last Child in the Woods[M]. America：Algonquin Books，2005.

[60] 肖哲涛.西安市住区儿童日常生活的户外活动场所规划设计研究[D].西安:西安建筑科技大学,2006.

[61] 余伟增,高若飞,等.安全盒子——北京传统社区中的儿童安全成长模式[J].中国园林,2005(7):31-36.

[62] 赵珍祥.居住区儿童活动空间环境研究[D].成都:西南交通大学,2006.

[63] 尹宝燕,马天天.新加坡 城市不可以忘记游乐园[J].明日风尚,2011(7):30-56.

[64] 谭旭.城市儿童公共活动空间系统研究——以长春市为例[D].吉林:吉林建筑大学,2014.

[65] 毛雪宁.城市公共空间中儿童活动场所的设计研究[D].青岛:青岛理工大学,2016.

[66] 程超.为儿童着想的城市开放空间研究[D].湖南:湖南大学,2011.

[67] (美) 罗杰·特兰西克(著)，朱子瑜,等(译).寻找失落空间[M].北京:中国建筑工业出版社,2008.

[68] 李方悦.儿童的视角,快乐时光的创造性空间载体营造——丹阳大亚洛嘉儿童乐园规划设计[J].中国园林,2017(3):33-38.

[69] 吴思慧,张海霞,陈晓旭. CFC框架下大都市儿童的户外休闲偏好与空间优化——以杭州市为例[J].中国城市化,2015(05):31-35.

[70] 王艳秋.城市步行公共空间导向标识系统规划研究[D].北京:北方工业大学,2013.

[71] 安旭,陶联侦.城市道路与儿童游戏场地的理想关系[J].浙江师范大学学报(自然科学版),2011,34(03):345-349.

[72] 李彦.城市公共空间的使用行为、空间冲突与治理研究[D].西安:西安外国语大学,2016.

[73] 李昕阳,洪再生,袁逸倩,等.城市老人、儿童适宜性社区公共空

间研究[J].城市发展研究,2015,22(05):104-111.

[74] 伍学进.城市社区公共空间宜居性研究[D].武汉:华中师范大学,2010.

[75] Isami Kinoshita,Osamu Nakamura etc. Urban Planning Issues to Make a Children Suitable City:A Case Study about the Children's Playing Field in Different Residential Areas of China and Japan[J]. Forestry Studies in China,1999,1(9):37-46.

[76] 杨雄,陈建军.关于中国儿童安全现状的若干思考[J].当代青年,2005(1):1-4.

[77] 徐雷蕾,章俊华.城市居住小区中户外游戏场地设计浅析[J].中国园林,2005(9):33-34.

[78] 李方悦.儿童活动空间对城市的意义[J].风景园林,2011(12):155-156.

[79] 钟乐,龚鹏,古新仁.基于儿童安全的城市开放空间研究述评[J].国际城市规划,2016,31(02):76-81.

[80] 石鑫.基于环境行为学的城市儿童公共空间设计研究[D].长沙:湖南大学,2014.

[81] 李鹏.基于可防卫性的住区空间环境设计研究[D].南京:南京林业大学,2012.

[82] 陈妍.基于游戏发生原理的儿童户外活动空间研究[D].南京:南京林业大学,2007.

[83] 张玉荣.居住区儿童户外游憩场地安全性评价研究[D].上海:上海交通大学,2012.

[84] 梁潇.居住区儿童户外游戏场地趣味性评价研究[D].上海:上海交通大学,2014.

[85] 容理钰.南宁市城市公园儿童活动场所使用状况评价(POE)研究[D].南宁:广西大学,2013.

[86] 杨奕嘉,许先升.浅析热带城市儿童户外游戏活动空间设计[J].北方园艺,2012(17):105-109.

[87] 张秀乾.上海和东京儿童户外活动偏好与需求调查[J].上海交

通大学学报(农业科学版),2017(1):42-51.

　　[88] 赵春丽.扬·盖尔"以人为本"城市公共空间设计理论与方法研究[D].哈尔滨:东北林业大学,2011.

　　[89] 陈纪凯.适应性城市设计[M].北京:中国建筑工业出版社,2004.

　　[90] 尹海伟.城市开敞空间[M].南京:东南大学出版社,2008.

　　[91] 张磊.现代城市居住社区空间防卫策略研究概述[J].科技风,2008(02):56.

　　[92] 章萍芳.儿童户外游戏活动空间的安全性研究[J].包装工程,2015,36(04):117-132.

　　[93] 阮佳佳.儿童户外休闲空间满意度研究——以杭州市为例[J].青年学报,2015(03):82-85.

　　[94] 叶湘怡.儿童公共空间的视觉导视系统设计研究[D].北京:北京林业大学,2016.